大展好書 好書大展

婦幼天地

49

肌膚保養與脫毛

鈴木真理／著

李芳黛／譯

大展出版社有限公司

DAH-JAAN PUBLISHING CO., LTD.

前　言

美的追求，是女性的最大願望。但對於處在現代資訊化社會的我們而言，不但資訊過度氾濫，因錯誤使用保養品所造成的皮膚問題更多，前來皮膚科求診患者越來越多。

事實上，人的臉部膚質各有不同，配合自己肌膚類型挑選保養品很重要。

我在一九九四年十二月開業之前的十年間，跟隨早川律子老師在名古屋大學分院皮膚科擔任美容門診工作。美容門診接受與一般皮膚科不同的面皰、雀斑、化粧品使用錯誤、過敏性皮膚炎等造成的皮膚問題。

面皰──青春的象徵，雀斑──年紀大了沒辦法，化粧品使用錯誤——停止化粧，像這些被一般皮膚科醫生排除於外的患者，均向美容門診求救。

有些患者皮膚過敏還到美容沙龍，結果濕疹嚴重得無法收拾，只好來美容門診。這些都是最了解皮膚的皮膚科醫生，沒有對患者進行深入診治所發生的悲劇，也是許多人永遠的痛。

我的丈夫是循環器官醫生，日夜從事與人之生死有關的工作，在救人生命的歷程中備感充實。而我在擔任皮膚科醫生十五年後的今天，才深深了解到，幫助有面皰、雀斑、多毛煩惱的患者，和救人一命一樣重要。

有面皰嚴重的患者痊癒之後，愉快地告訴我：「我要結婚了。」也有因腳毛濃密而缺乏自信的人，在永久脫毛後，穿著迷你裙，臉上散發光彩地出現在我面前。

還有母親開心地帶著原來濕疹嚴重無法到校上學的小孩前

來致謝：「我的小孩已經能夠開開心心地上學了。」雖然還有許多患者尚未痊癒，但我每日惕勵自己，一定要幫助他們，使他們更舒適。

本書介紹如何保養肌膚，並深入淺出地說明永久脫毛。請各位朋友先了解自己肌膚的類型，再挑選適合的化粧品。如果有什麼疑問，就和皮膚科醫生商量。希望本書對於各位保持美麗肌膚有所助益。

最後感謝提供永久脫毛資訊的日本醫學脫毛協會福田金壽醫生、杉本園江先生。

鈴木　真理

目　錄

第一章　清潔是最佳修飾

美的追求改變人生……一六
如何保持肌膚清潔……一九
抗菌商品走向……二〇
早晨洗髮好嗎？……二二
如何使頭髮更美？……二三
去除污垢使肌膚亮麗……二五
鹽可以美肌？……二六

減肥化粧品的效果如何？……二八
減肥霜效果如何？……三〇
減肥中的肌膚狀況……三一
多餘的毛真的是多餘的嗎？……三三
體臭可以藉著皮膚保養預防嗎？……三四
專欄 什麼是電子水、超酸性水？……三六

第二章 創造健康美麗的肌膚

1．美容方面的問題與解決方法……四〇
什麼是健康美麗的肌膚……四〇
油性肌膚與乾性肌膚……四一

隨年齡而變化的肌膚性質……四三
美肌與睡眠……四四
美肌與化粧品的關係……四六
敏感型肌膚與化粧……四九
希望你了解的香料常識……五三
外國製化粧品的陷阱……五四
錯誤脫毛變成大象皮膚……五六
問題肌膚的脫毛……五七
過敏性肌膚與脫毛……五九
輕鬆去除腋毛……六〇
去頭皮屑的對策……六二
過敏性人的頭髮保養……六三
飾品的不良影響（金屬過敏）……六五

戴耳環注意事項……六六
專欄 日常保養保持「美麗」……七〇
2. 肌膚方面的問題與解決方法……七二
皮膚最大問題是斑疹……七二
青春痘是青春的象徵嗎……七三
青春痘的對策及預防方法……七五
青春痘及腫疱……七六
雀斑的原因是日曬……七八
如何治療雀斑、色素沈澱？……七九
解除暗淡的煩惱……八一
各種斑疹的原因……八二
懷疑是否過敏時不要自己診斷……八四

預防小皺紋、皮膚鬆弛的方法……八六
發癢與乾性皮膚……八九
追究皮膚粗糙的原因……九〇
專欄 醫生巧妙的方法……九三

第三章 安全脫毛

1．各種脫毛方法……九六
脫毛的歷史……九六
毛的一生……九九
何謂暫時脫毛？……一〇三
何謂永久脫毛？……一〇五

毛從何處生長……………………………………一〇六
需費時多久……………………………………一〇八
毛多的人與毛少的人…………………………一一〇
費用？…………………………………………一一一
脫毛無傷肌膚嗎？……………………………一一三
最好到哪裡脫毛？……………………………一一四
脫毛師制度……………………………………一一六
專欄 國外的脫毛情事………………………一一八

2．在醫院進行的醫學脫毛…………………一二〇

什麼是醫學脫毛？……………………………一二〇
最新脫毛法……………………………………一二一
疼痛減少是特徵………………………………一二三

也可以麻醉脫毛……一二五
脫毛前應注意事項……一二六
安全從萬全準備開始……一二八
也可能體驗試驗性脫毛……一三〇
脫毛造成的肌膚問題例子……一三一
事後保養的重要性……一三四
醫學脫毛費用……一三六
專欄　契約書及同意書……一三八
有關永久脫毛之說明書及同意書……一三九
3．脫毛之實際部位脫毛費用及期間……一四〇
腋下永久脫毛（三例）……一四〇
足部永久脫毛（三例）……一四三

手部永久脫毛（二例）……一四六
臉部永久脫毛（一例）……一四八
V區永久脫毛（一例）……一五〇
專欄 日本醫學脫毛協會、日本醫學脫毛學會……一五二

第一章
清潔是最佳修飾

美的追求改變人生

對於女性而言，永遠美麗是最大的願望。因此，自古以來，女性朋友便不斷在各方面下工夫努力。綁頭髮、保養肌膚、化粧、拔眉等等。

據說埃及女王克婁巴特拉將眉與睫毛塗黑，上眼瞼塗暗青色，下眼瞼塗淺藍綠色。羅馬皇帝尼羅之妻波芭雅·薩比娜為了使肌膚變白，每天早上泡驢奶浴，夜晚吃驢奶及麵包。因此，飼養五百頭驢，出外旅行時也要帶著五十頭驢。

美麗的基準隨時代異變而有所不同。中國唐朝流行在眉間或唇的左右、兩頰描出點或花紋。中世紀歐洲則流行點黑痣。

日本平安朝喜歡將牙齒塗黑，雖有保護牙齒的說法，但終究也只是一種美的意識罷了。到了近代明治時代，出現簡單即可將牙齒塗黑的新商品，據說當時相當受百姓歡迎。

但人人均感覺美麗的基本部分，從古至今絲毫未變。那就是擁有健康、閃閃發

光的皮膚。年輕時代有特權，不必經過特別努力就能享受美麗。但隨著年齡增長，這項特權一點一滴地流失。該如何預防呢？

首先得先了解，什麼才是健康的肌膚。沒有斑點及皺紋，當然也沒有面皰。

這麼說還不夠充分。眼睛看不見的部分，身體狀況、營養均衡、放鬆也有很大關係。換言之，肉眼所看不見的要素，對肌膚表面會產生大影響。

我想這是許多人已經有的經驗。睡眠不足、吃太多甜食，臉上立刻冒出痘痘。

另一方面，即使年輕時代擁有健康肌膚，但如果什麼保養也不做的話，上了年紀

一定會後悔。我們在生活中，肌膚一直接受不良影響，如太陽光、乾燥空氣、海風等對肌膚都不好。避免肌膚受不良因子影響，是使肌膚年輕美麗的秘訣。

從年輕時代開始，持續不斷保養很重要。妳的努力一定會得到回報。只不過，如果不能配合年紀做適當保養，反而傷害肌膚。

妳是不是認為媽媽的高級面霜，效果一定最好?沒想到面皰卻更增加。還在使用年輕時代化粧品的妳，請記住，妳的肌膚已經和二十歲不同了。

如何保持肌膚清潔

為了使肌膚健康美麗，清潔非常重要。因為灰塵、污垢，會剝奪隔絕肌膚的皮脂膜。徹底洗臉及身體，除去污垢灰塵，是清潔首要之道。

另外，最近經常聽見清潔症候群這個名詞。從早上

洗頭開始，漱口水、防臭、防菌（抗菌）商品越來越普遍，可說清潔至上。尤以年輕人為最。姑且不論洗劑對環境問題造成的影響，多用洗劑當然清潔，但卻洗掉了頭髮、臉上必要的脂肪。頭髮乾裂、臉部緊繃。事實上，這種狀態才是最大傷害。於是，為了保護肌膚，必須利用面霜、乳液補給洗落的油分。

希望清潔、健康，卻帶來反效果，如此引起的皮膚問題不少。洗髮精、香皂的品牌戰中，最近有降低洗淨力的商品登場，這樣就可以早晚洗了。

可是怎麼覺得沒什麼改變？

抗菌商品走向

世上吹起一股清潔風。不僅自己的身體清潔，還推廣至生活雜貨、銀行等服務業務。舉例來說，首先是文具用品——原子筆、墊板、鉛筆、橡皮擦等等，再來是信封、便條紙、電話，接著還包括纖維衣料之內衣褲、襪子、毛巾、手帕、抹布。與住宅有關的洗衣機、熱水瓶、煮飯電鍋、淨水器、抗菌馬桶陸續開發問世，銀行

也導入鈔票高溫殺菌、將折痕拉平的「清潔ＡＴＭ」。最後連提款卡也以抗菌型登場。

這些製品將抗菌劑溶入樹脂、纖維中。

在不喜歡借人物品，即使是文具用品的人增加，中年上司用過的筆得擦拭過才敢使用的。ＯＬ也出現的今天，抗菌物品廣受歡迎是理所當然的。姑且不論好壞，清潔總會使心情好些。

但請想想看，就算是有什麼瞬間殺菌的方法，抗菌劑也沒有即效性。應該說是能部分抗菌，使人心情舒服一點的物品。

沒有真正清潔與不清潔的區別。從醫學上而言，日常我們的手、臉、身體表面，就附著無數細菌。這很普通，每天沐浴、飯前便後及外出回家後洗手，就可以保持清潔。

早晨洗髮好嗎？

頭髮很容易吸收臭味。相信誰都有頭髮附著煙、飲食臭味的經驗。因為頭髮表面積很大，所以一旦附著臭粒子便會發臭。在中華料理、義大利料理等使用油及辛香料的場所，或者在有人吸煙的會議室中三十分鐘，頭髮便會附著臭味。當然每個人都希望頭髮乾乾淨淨地出門。之所以流行早晨洗頭，從某種意義來看，也許和每天早上洗臉後才出門一樣。

但早上洗頭有二個問題。一是洗過度了，將保護頭髮的保護膜洗掉，或將頭皮油分過度消除。另一點是沖洗不徹底，殘留洗髮精。這些都是造成頭皮、頭髮產生傷害的原因。

有患者因過敏或濕疹，導致額頭部分起斑而前來就醫，一問之下，原來一天洗

二次頭，早晚各一次。洗髮精中含有界面活性劑，會除去臉表面的皮脂膜，造成濕疹。這也是皮膚學熱烈討論的問題。

皮脂膜是皮膚表面的守護層。發生濕疹或過敏的人，皮膚表面的防禦機能非常低，只要一點點刺激就會引起問題，當然不能忍受保護膜被取走了。過分清潔只會給自己添麻煩，這就健康人而言亦同。

如何使頭髮更美？

只要頭髮不是像漁夫般受到海水、潮風的強烈侵襲，就不必使用強力洗淨力的洗髮精。現在很多人天天洗頭，值得注意的不是不乾淨，

而是太乾淨了。

常有人說如果不將頭髮洗得膨膨鬆鬆，就覺得不舒服，但這樣洗太過度了，無論如何一定要潤絲。簡單說，潤絲就是將洗髮精所洗落的頭髮油分加以補充，使頭髮表面的離子狀態恢復正常。當然，還有其它護髮乳等附加機能，但除了頭髮長的人以外，並無特別需要。

最近洗髮精偏向抑制洗淨力，增加保濕劑。結果因為怎麼洗也洗得不是很乾淨，所以變成天天洗頭，導致反效果。

另外也有不少人喜歡用嬰兒用洗髮精。嬰兒洗髮精的確洗淨力沒那麼強，而且沒有添加香料，可以安心使用。只不過值得注意的是，抑制洗淨力真的好嗎？因為非得反覆洗好幾次才能洗掉頭髮多餘的油分，如此一來反而傷害頭髮。各位愛美的年輕女性、媽媽們，最好還是挑選適合自己頭皮性質的洗髮精。

去除污垢使肌膚亮麗

不久之前，流行用人造絲毛中摩擦皮膚的美容法。說穿了就是去除污垢，按摩皮膚的美肌法。好不好很難說，但身為皮膚科醫生，因為接受許多因此而產生問題的患者求診，所以並不鼓勵。

這種問題稱為摩擦黑皮症。因為摩擦過多而使表皮受傷，黑色素落到真皮處所引起。所以摩擦的時候必須特別注意。

在此和各位談談皮膚組織。皮膚大致分為表皮、真皮、皮下組織三部分。表皮又由五層所構成，從最外側往內是角質層、透明層、顆粒層、有棘層、基底層。表皮細胞由基底層製造，十四天變形浮上表面，再過十四天留在皮膚表面後，自然成

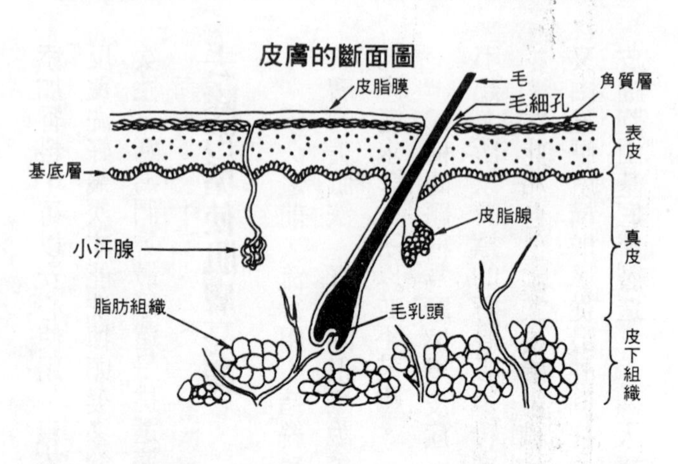

為污垢脫落。

角質層具有保濕機能。皮膚表面少量的汗及由皮脂腺分泌的皮脂混合，形成皮脂膜。皮脂膜不僅能預防角質層的水分蒸發，還會進入角質的表面細胞之間，預防多餘油垢脫落，使肌膚柔滑。

油垢也具有保護效果，但如果在去除油垢的同時，連角質層也一起剝落的話，則就像捨棄難得的保護層一樣，使內部害怕受到刺激的層面與外面空氣接觸，這是很恐怖的事。

鹽可以美肌？

最近用鹽按摩肌膚的美容法登場，而且很受歡迎。肌膚沒濕疹或其他毛病的人，當然沒什麼

特別問題，就這樣一天過一天……。但不免懷疑有什麼效果。如果說鹽摩擦會帶來好效果，那不用鹽而用其他東西摩擦難道不可以嗎？摩擦過度，鹽的顆粒會在皮膚表面產生無數肉眼看不見的傷痕。如果有濕疹的人，用鹽摩擦更會痛得讓人受不了。

鹽本身有強力吸濕作用，會剝奪肌膚表面的水分。如果想藉此減肥，就更大錯特錯了。皮膚就是因為有水分，才能顯出亮麗光采，一旦失去水分，則肌膚乾枯，就像水果脫水一樣出現許多斑紋。人不是小黃瓜，並不是用鹽醃過就會好吃。

鹽有殺菌作用。但用鹽殺身體的細菌沒

什麼道理。而且使用含適量酒精的化粧水，不是刺激更少、更適當的方法嗎？尤其長濕疹或面皰的人，最好選擇安全、刺激少的方法。

減肥化粧品的效果如何？

一九九五年，出現塗在腹部、大腿、手等肥胖處，就能使這些部位肌肉緊縮的化粧品，相當受大眾歡迎，商品還出現供不應求的狀況。我想應該讓關心減肥女性更了解此種減肥化粧品。

在此希望各位注意的是，有些商品強調「緊膚」。原本這種商品是為中年以後肌膚開始衰老的女性所開發。換言之，不是為減肥者設計。但緊膚和「瘦」（纖細）的意象連結，造成目前這種結果。

事實上，製造商在販賣當初，也以近似瘦身的廣告表現，但一九九五年夏季以後，這種表現便不再使用。製造商也對此商品與減肥商品結合有點神經過敏。第一，化粧品沒辦法要求像醫藥品一般的效果。

基本上，減肥除了利用運動使肌肉發達、減少脂肪組織之外，別無他法。專家的表示，在肌膚塗藥品或想藉按摩減肥、分解脂肪，根本無科學根據。

不過化粧品雖無科學根據，但卻具有重要效果。使用化粧品不僅能夠達到滿足感、意識上的心理效果，還可藉此繼續努力減肥。

減肥霜效果如何？

光是泡澡、塗抹腹部就能減肥的香皂，也許你也買過。進口業者聲稱：「海草成分滲透皮膚組織，使血液循環良好，減少皮下脂肪，具有高度減肥效果。」事實上，也有人表示真有效果。

但請等一等。減肥沒有必要消費脂肪。血液循環優良不會使脂肪從身體消失。就算有什麼成分從皮膚滲透，也不會分解消耗脂肪。

那麼，為什麼有人說有效呢？我想可以這麼解釋，使用香皂的意識改變人的心情，不知不覺中表現在每天的生活態度上，減少點心次數或量，連飲食內容也產生變化。難道不是嗎？

也許就是這種意義產生的效果。

但不可以因此就安心，減肥應該從你的飲食、運動、睡眠時間等生活全體考慮起。如果因為使用減肥香皂就什麼也不控制，反而會變胖。

既然已經買了減肥香皂，就得盡量發揮效果。腳踏車擺在那兒，如果你不踩，它根本不會動，運動、飲食改變正是你應該費的工夫。

減肥中的肌膚狀況

減肥中的女性最容易面臨的問題，就是營養不均。尤其徹底敵視與熱量直接有關的脂肪、碳水化合物，因此往往一概拒絕。

的確，高熱量食品容易造成肥胖，避免碳水化合物多的食品，以及用油過多的料理，對減肥而言很有必要。

但如果因此不吃飯、肉，只固定吃某些

食物，那可就傷腦筋了。

脂肪、碳水化合物可減少攝取，但維他命類有充分攝取的必要，尤其為了維持肌膚健康，多攝取維他命A、B_2、C、E很重要。

可以考慮從蔬菜中攝取，生菜沙拉便是很好的選擇，對於維他命類補充很有效。自己烹飪時，可以調節油量、糖分，效果更佳。

便秘也是造成面皰、疙瘩的原因，可說是美麗肌膚的大敵。牛蒡、蓮藕等是優良食物纖維供給來源，對預防便秘很有效。

維他命攝取不均，也會使膚色暗淡，感覺不出光彩。絕沒有不健康的美女。

多餘的毛眞的是多餘的嗎？

先說結論，我們人體沒有什麼是多餘的，連體毛也一樣。只不過人類因文明及道具的影響，知道穿衣避寒，因此不需體毛。

但體毛在保護衣服與肌膚摩擦上，仍扮演重要地位。穿著棉工作褲的人應該體會得到，膝蓋毛的摩擦減小了。體毛減少會使肌膚表面不停地受到摩擦，造成負面影響。腋毛也一樣，可以保護腋下的皮膚，免於受到汗或摩擦傷害。

那為什麼要剃毛或拔毛呢？說穿了就是習慣與美的意識。如果世上沒有無袖衣服，如果泳衣都有袖子，則女性大概不會剃腋毛了。女性處理毛的態度，隨著大眾傳播的宣導而成為一種習慣。

處理體毛，並不單純是化粧、美容上的領域，但大概不只我一個人認為在陽光下閃閃發亮的毛很美麗吧！因此只要不是太嚴重，實在沒有必要那麼在乎體毛，尤其是手腳的毛。

體臭可以藉著皮膚保養預防嗎？

最近不少人因自己的體臭煩惱，因而除臭劑商品銷路非常好。但歐美不少人卻認為沒有體臭就沒有個性。以腋味為例，幾乎沒有真正必須治療的人。

我在想，過分注意體味，是不是與今日過分清潔導向有關。幾乎天天沐浴、洗髮的人，應該沒有臭味。當然，運動後等汗液就這麼擺著，一定會有臭味，但只要洗一洗或擦掉就好了。

反之，在香味面領先一步的歐美人，將自己的體臭與香水香味混合，主張「自

體臭
＋
香水
＝ 自己的香味
過度清潔
Shu!

己的香味」。

香味和臭味不同。如果混淆到連「自己的香味」都消失的話，就很可悲了。

什麼是電子水、超酸性水？

大家都知道，我們人體百分之六十五以上是水，而且一定要保持這個水分量。流汗之後喉嚨乾渴想喝水，就是這個原因。那麼，如果水「污染」了怎麼辦？

這裡不談「公害」問題。你有沒有上山飲用過泉水？那是自來水望塵莫及的，其味之甘美，令人為之震驚。天然礦泉水也許可以略知一二，但我想山泉水之甘美更甚於礦泉水。

農業、酪農業，從二十年前就開始使用電子水。詳細裝置在此不論，大致上是在某裝置中加入水與碳，使水中負離子增加，活性化。使用這種水可以促進植物、家畜生長，連剪下來的花也不容易枯萎。另外，對於先天性過敏症的人，將凡士林置於此裝置中，則不必使用類固醇就能達到某種程度療效的例子也有。但是不知道凡士林出現如何變化。

超酸性水也是利用電的作用，將水的鹼性與酸性分離。鹼性水當飲用，而酸性水的酸鹼值為二．八左右，可以使用在殺菌、消毒方面，治療面皰具有良效。但也有報告指出酸性水會對先天過敏的人造成過強刺激，因此無法一概而論。

第二章　創造健康美麗的肌膚

1 美容方面的問題與解決方法

什麼是健康美麗的肌膚

我們日夜努力希望得到的健康美麗肌膚，具體而言是如何呢？

首先是清潔無污染，再來是滋潤、有彈性、嬌柔、水雫雫、肌理細膩，接著是血色佳、有光澤。這些正是小嬰兒的肌膚印象。

要維持這種肌膚，必須過著精神安定的生活，攝取均衡的營養，使皮膚新陳代謝活潑。

但大家都知道這有些困難。每日攬鏡自照，是不是感覺今天氣色不錯，今天哪部分如何如何，有喜也有憂。肌膚隨年齡、健康狀態變化是理所當然的，季節、生活環境也會對肌膚造成影響，甚至依場合不同，也會出現早晚差別。

理想的嬰兒肌膚，成長後膚質也會變，變成使表面緊縮的角質水分減少，沒有彈性的肌膚，不久即喪失彈力，出現皺紋。

我們無法防止老化，但可以延緩老化。只要從現在開始好好保養，就可維持年輕肌膚的光澤。

油性肌膚與乾性肌膚

因為現在臉上長青春痘，或肌膚感覺不乾爽，因此認為自己是油性肌膚——這種人一定很多吧！的確，十幾二十歲，是皮脂分泌的旺盛時期，所以肌膚是油性。但過了這個年齡，皮脂分泌越來越少，變成乾性肌膚的人也增加了。

有個簡單測試自己是不是油性肌膚的方法。洗完臉後什麼也不塗，二小時後用

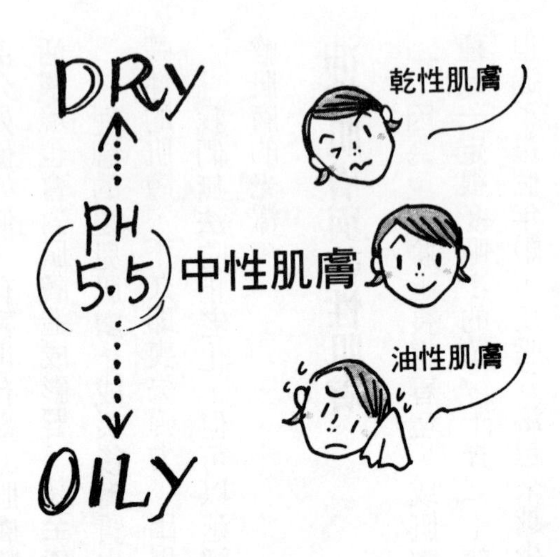

吸油紙按按看。臉上油分一片片附著的是油性肌膚，一點一點附著的是中性肌膚，一點油也沒有的是乾性肌膚。

一分調查報告顯示，女性對於自己肌膚的判斷，與皮膚科醫師判斷有相當程度的差別。認為自己是乾性肌膚，實際上卻是油性肌膚；認為自己皮膚正常，實際上卻是敏感肌膚的情況也不少。甚至也有因為太重視自己的肌膚而自認為是過敏肌膚的人。

化學上可用PH值的不同判定肌膚屬於乾性、中性或油性。

健康肌膚的PH標準值是五．五，高於此為乾性肌膚，低於此則為油性肌膚。

護理必須配合年齡

肌膚性質不同，保養的方法也不同，所以正確了解自己肌膚的類型是很重要的。選擇化妝品也不能單憑廣告詞，否則不但美麗不成，還造成肌膚的麻煩。

隨年齡而變化的肌膚性質

肌膚雖說隨著年齡而變化，也並非只是單純外表出現皺紋。一般而言，嬰兒時期皮脂多，到了幼稚園就比較乾燥。青春時期就在外表出現面皰，一看便知皮脂增多。約從二十五歲左右開始減少。

油性肌膚佔最多的是在十七歲左右，到了五十歲便降低至百分之十左右，油性肌膚、中性肌膚、乾性肌膚者的比率為百分之三十，相同程度大約是在二十二、三歲時。以此年齡為界限，比率逆轉，五十歲乾性肌膚者達百分之九十。

換言之，如果你是二十多歲，即使你認為自己是乾性肌膚，實際上很有可能是油性肌膚。因此，如果不了解自己到底現在是哪一種肌膚型態？就無法以正確的保養方法保護自己的肌膚。

如果一直用錯誤的方法保養肌膚，等到上了年紀，結果就會毫無掩飾的顯現出來。年輕時肌膚順應性好、耐性強、恢復力也強。但年紀越大則恢復力越低，經年累月的負面影響便顯現出來。

嬰兒應用嬰兒保養品，大人應用大人的保養品來進行適當的保養。

美肌與睡眠

早晨起床，大多數的人都會照鏡子。

今天的肌膚情況如何？睡眠不足的樣子……，不少人有這種經驗吧！

不知說過多少次，睡眠不足是美容的大敵。

但為什麼睡眠不足對皮膚不好呢？

皮膚一直反覆進行新陳代謝。皮膚細胞由基底層形成，在十四天中變化為有棘層、顆粒層、透明層、角質層，之後留在臉上成為污垢脫落。這稱為更新（Turnover）。像十四天的細胞更新周期一樣，每一天皮膚也反覆進行新陳代謝。

白天，老舊廢物不斷湧出，夜晚則補給明日活動的營養。人在睡眠時，皮膚也持續活動。與此有關的是自律神

表皮的斷面圖

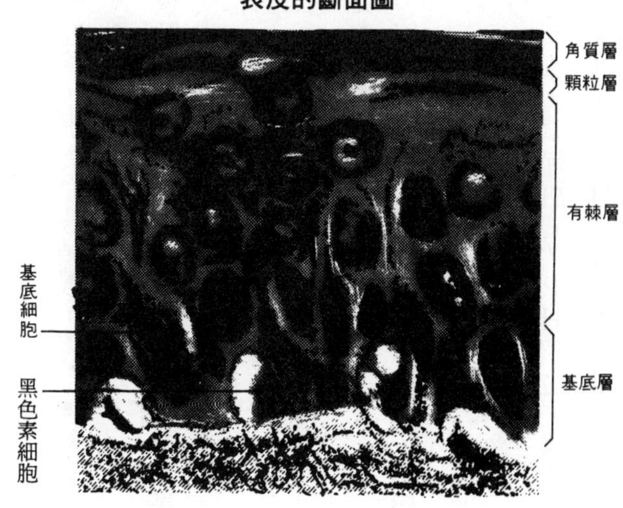

經，白天主要是交感神經作用，夜晚則以副交感神經作用為主。副交感神經可使胃腸活動活潑，擴張毛細血管，提高血液循環，將各種營養運送到身體各處。當然，肌膚也在睡眠時吸收營養。

一天當中，新陳代謝活躍進行的時間是夜晚十點至凌晨二點。這段時間睡眠是否充足，影響翌日肌膚情況至鉅。熟睡可保持肌膚之彈性。

美肌與化妝品的關係

「粧化得好不好」，對女性而言，是決定當天是否美好的重大事情。當天身體狀況好，也沒有其他特別理由，卻覺得臉上的粧不舒服的情形，相信妳也遇過。

粧化得好不好，除了當今的健康狀態之外，還得看化妝品使用得當與否。首先是化妝品的使用順序，洗臉後先拍化妝水，調節肌膚的ＰＨ值。如果因為太忙或時間來不及而將化妝水省略，直接塗抹乳液，則妳就得在肌膚呈鹼性的狀態下進行化妝程序。

化妝水之後是底層乳液。當然，油性肌膚的人，為了怕皮膚太油而省略也無妨。

但必須化妝的人，為了防止化妝脫落和保護肌膚，還是使用底層乳液比較好。接下來就是彩粧的順序了。

此外，正確使用化妝品，也包含完全清除。

晚上洗臉後，很多人都有不自覺脫口而出：「哇！好清爽！」的經驗。這時候除了心情外，肌膚也非常高興。在化妝品、油脂、灰塵覆蓋之下，呈現窒息狀態的肌膚，此時可以盡情呼吸了。

化妝品沒清除乾淨，會使顏料、色素、油分殘留在毛細孔及肌膚凹處，使臉色看起來暗然失色。一定要使用卸妝乳液後再用洗面皂洗乾淨。

為什麼要使用卸妝乳液呢？因為化妝品中含有大量色素、油，其中也加入只有油才能洗掉的成分。為了將化妝品徹底清除，應該取適量的卸妝乳液塗抹在臉上卸妝。然後用紗布或面紙擦拭乾淨。

尤其鼻、口、眼四周最容易堆積污垢，必須小心擦拭。最後再使用洗面皂洗臉，充分拭乾後拍上化妝水。

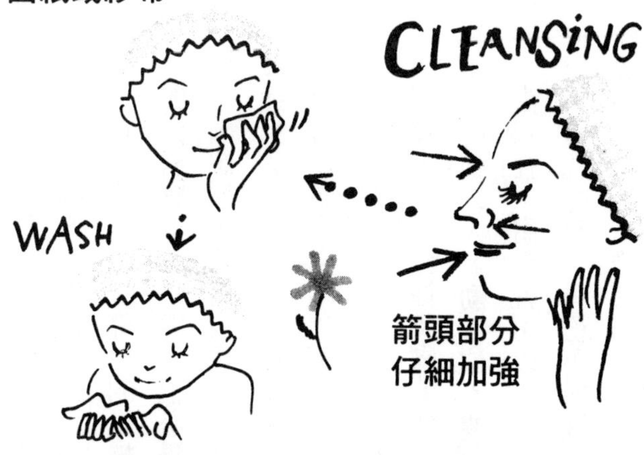

用溫水會使皮膚表面毛細孔張開，污垢容易排出。洗面皂水的PH值將近十，肌膚則為四～六的弱酸性。肥皂鹼性殘留是造成肌膚粗糙的原因，所以洗臉時一定要用清水沖乾淨。

像這樣徹底清潔肌膚後進行充分的睡眠，對肌膚而言相當重要。

敏感型肌膚與化粧

經常聽人說：「我是敏感型肌膚。」與這種敏感型肌膚一樣情形，最近好像流行說「Atopic」（先天性過敏症）這個字。診察這些自認為先天過敏症的人，發現不少是另一種疾病。因此，懷疑自己是不是先天過敏症的人，勸你到皮膚科接受檢查，而且醫生會提供你正確方法防止惡化。

市面上有敏感型肌膚專用的化粧品，但這只是當化粧品販賣，對於治療疾病沒有效果。雖說有輔助的功能，但必須先了解，對於改善自己的過敏症狀沒有助益。也有使用過敏感型肌膚專用化粧品後，皮膚卻引起其他問題的例子。

一般通稱的先天性過敏症，多半為異位性皮膚炎。肌膚粗燥，因為皮膚癢而抓，結果傷到保護皮膚表面的角質層，此時化粧品的成分起作用引發炎症，使皮膚紅腫。這乍看之下是化粧引起的斑疹（一化粧皮膚就感覺刺痛，這才是化粧引起的皮膚中毒），但實際上是異位性皮膚的例子不少。

有如上症狀的人，勸各位不要化粧。但有些上班族卻不得不化粧。這時候建議妳撲粉、畫口紅、眉毛就可以了。這種程度的化粧不必使用卸粧乳液，只要用洗面皂就可以將臉洗乾淨。香粉不摻油及乳化劑，對皮膚的刺激少，而且微粉粒可以使紫外線散亂，是不錯的物品。

敏感肌膚？
化粧紅腫
異位性皮膚炎？

先天性過敏症的人，不可以給皮膚刺激。除了皮膚科交待只能用「溫水」洗臉的人之外，均可用洗面皂保持皮膚清潔。

當然，為了防止洗臉後皮膚乾燥，請用保濕性高的化粧水補充水分，接著再用刺激性少的美容液、乳液保養。

雖說選擇刺激性少（無刺激）的化粧品，但很多人表示很難。如果想試新的化粧品，首先得取得試用品，連續三天在手臂內側擦拭，看看反應。

如果沒有發紅現象就沒問題。無香料洗面皂是最適合的物品。

最好不要挑選沒有試用品的化粧品。

過敏又長面皰的人最麻煩。粉刺專用化粧品脫脂力非常強，會使皮膚乾燥，更經不起刺激。有些人不知自己為過敏型體質，因為長粉刺就使用粉刺專用化粧水，結果引起發炎。

不要自己判斷，請和皮膚科醫生商量。此外，在過敏症狀獲得某種程度改善之前，最好限制化粧，以免皮膚惡化。

希望你了解的香料常識

雖然不是清潔症候群，但一般人對香味的關心度也很高。化妝品也有微香料和無香料之分。站在皮膚科醫生的立場，無香料是最佳選擇。因為香料也會對皮膚造成刺激。

化妝品的場合，不管乳液或口紅，除了成分以外，為了使用者的感覺舒服，有必要加入香料。而且不可否認，香味可以使人心情開朗。也就是說使用有香味的化妝品，可使化妝的官能效果加倍。

但請各位想一想，香水應該擦在耳垂內側太陽照不到之處，這就是為了預防香水成分受日照後，可能變性引起皮膚問題。

從這層面而言，就算化妝品香味沒香水那麼濃，也最好不要殘留在皮膚上。

但希望各位注意的是，並非微香性就等於低刺激性。因為對肌膚造成刺激的不只是香料，還有色素、油分。香料的成分表示只需要寫香料就可以了，並沒有必要記載香料成分。

外國製化妝品的陷阱

隨著日幣升值，每年出國人數不斷增加，很多人拜託出國朋友幫忙帶外國製化妝品。

的確，外國製化妝品的色彩鮮艷，化妝水及美容液等也與日本製品有些不同。值得注意的就是這項不同。日本由厚生省從安全性方面決定化妝品的使用成分，即使是外國品牌化妝品，只要是在日本製造，便只能按照認可成分製造。這正是與海外販賣之化妝品不同處。

有些人想和歐美有名女星使用相同品牌的化妝品。但請等一等，像日本人這種黃種人的肌膚，比白種人纖細。配合白種人肌膚調配的香料或酒精等刺激性成分化妝品，對黃種人肌膚恐怕刺激過度。

而且彩妝系列可能也含有日本不允許的

色素種類，因此，不見得適合日本人肌膚。換言之，安全沒有保障。

當然，也有人使用外國製化妝品之後，一點問題也沒有。事實上也有評價不錯的化妝品，但並不是一定適合每一個人。所以在化妝品方面，最好還是不要當禮物送人，或請朋友從國外帶回。

錯誤脫毛變成大象皮膚

這個標題也許令人吃驚，原因是希望各位不要將脫毛一事等閒視之。自己能夠自己處理體毛的簡單方法，除了以前的利用剃刀剃毛之外，還有使用除毛膠帶、除毛液、除毛霜、蜂蠟等方法。另外好像也有人用拔的。這些方法很方便，但也有因為事後保養不當而使皮膚發紅、長疹或其他問題出現的情形。

除毛膠帶或蜂蠟、夾子的處理稱為「拔毛」法，會帶來疼痛感。只要巧妙處理，大約一個月左右不會長新毛。但是在新毛長出前，皮膚會覆蓋在上面，這稱為「埋沒毛」，在皮膚下線狀伸展，或呈漩渦狀態。新長出的毛伸展受到上層皮膚妨礙，可能引起毛囊炎。

除毛霜或除毛乳液，是處理皮膚表面體毛的方法。因為毛會在短期間內長出，所以得經常處理。另外依說明書所示，得先測試自己的皮膚會不會發炎或長斑，也可能造成色素沉澱。當然，手腳用品不可使用在臉等說明書指定以外的部位。

用剃刀剃毛是最常被使用的方法，方便又安全。但是用刀刃切割的體毛橫斷面很粗，乍看之下好像體毛更濃。另外稍微不注意會傷害肌膚表面，引起細菌感染。一般認為剃毛不會使體毛變粗，實際上好像相反。因為要除去手腳體毛等本來就應該在那裡的東西，也許會引起一些反動。

問題肌膚的脫毛

從結論而言，現在肌膚有任何問題的人，都得先解決皮膚問題後再進行脫毛。皮膚專科醫生會診察個人肌膚狀況，先治療肌膚問題，但好像不少人喜歡自行脫毛。

秋天開始治療，到夏天正好完成

在自家用剃刀除毛，或利用除毛膠帶、除毛霜等藥品除毛，多少都會對肌膚造成刺激，所以應該避免在接受日曬、斑疹、面皰出現期間進行。我了解每個人愛美的心理，但勉強進行反而使肌膚更惡化。使肌膚一而再地接受刺激，最後就只能看它暗然失色了。

當肌膚出現異常時，請專心解決。會注意到多餘體毛的時間，通常在春、夏季，如果從秋天開始處理，正好趕上時間。

最近還出現不少脫毛商店，但這很容易使肌膚發生問題，最好是請醫師進行脫毛處理。

過敏性肌膚與脫毛

只要是女性，誰都想擁有漂亮的肌膚。尤其過敏性肌膚、濕疹或發紅狀態下，更想盡辦法讓皮膚更美。消除體毛就是其中之一。

但過敏狀態下，肌膚非常敏感，很容易受到外界刺激而產生反應。脫毛在健康肌膚狀態下都可能發生問題了，可見刺激之強。最好請醫生診斷，先治療過敏症狀，皮膚改善後再脫毛。

值得注意的是，連自己也不知道的過敏場合。長濕疹、發癢，但以前也有類似情形，一陣子就好了，沒什麼大不了的。像這樣不以為意地自行脫毛，立刻使皮膚紅腫，甚至無法治療。

肌膚性質隨著年齡而改變。如果以前沒怎麼樣，現在卻突然長出濕疹，請立即求醫。

輕鬆去除腋毛

天氣越來越暖和，穿上短袖或無袖衣服，第一個注意到的便是腋下的毛。雖然有些人漫不在意，不過處理腋下毛有附加優點。

對於女性而言，除臭劑好像已經成為必需品了。因為體臭很容易讓人感覺不舒服，尤其是腋窩的臭味。處理腋毛可減輕臭味。

腋臭是由汗液及皮膚表面細菌作用產生的氣味，而腋毛即具有間接效果。因為腋下有毛會積蓄汗液及細菌，使臭味更強。在此，提供四種減輕腋臭方法。

①塗制汗劑，抑制汗液分泌。

②用電燒手術除去頂漿分泌腺（apocri-ne）。

③剃腋毛或永久除毛。

④以外用藥塗抹腋下殺死皮膚表面的細菌。

其中①、④是暫時處理法，②、③（永久脫毛）為永久改善法。

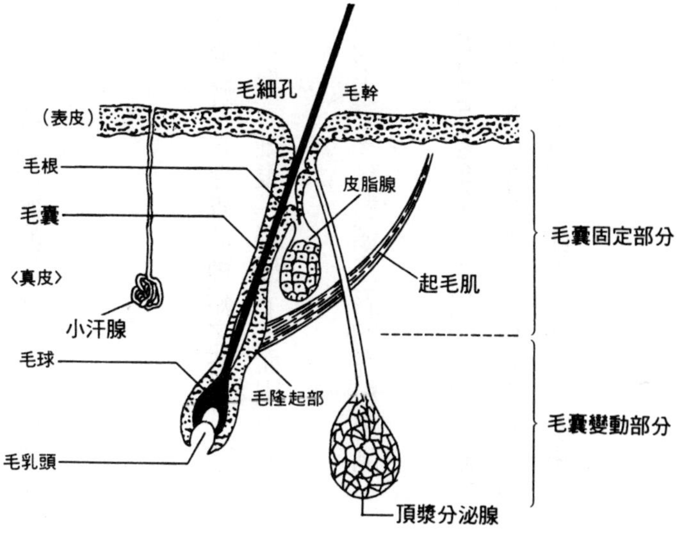

永久脫毛的效果不僅是因為脫毛後汗不會囤積，連毛周圍的汗腺也在脫毛時加以處理。

去頭皮屑的對策

最近到美髮用品店，會驚訝地發現洗髮精、潤絲精、保養油種類之繁多。不僅品牌多，連依髮質、髮型不同——硬髮、軟髮、粗髮、細髮、捲髮——而出現的產品也琳瑯滿目。

另一方面，好像不少人為頭皮屑而煩惱。市面上許多針對頭皮屑的洗髮用品，好像都沒什麼效果。

頭皮屑專用洗髮精，是加入硫氧吡啶鋅(zincpyrithione)配方，只要依照正確方法洗頭，並配合洗髮後的保養，幾乎都能有效改善、預防頭皮屑。但也有人為了想將頭皮屑洗掉，於是拼命抓，洗過度了反而使皮膚產生傷害。此外，為了使洗後頭髮一絲絲飛揚而使用強力洗髮精，我很不贊同。

頭皮屑多的人，有可能是脂漏性皮膚炎或乾癬等皮膚病，因此奉勸有嚴重頭皮的人，接受醫師檢查診斷。這些疾病必須獲得正確的治療法才能改善，不是靠洗髮精就能改善的。

過敏性人的頭髮保養

對於過敏性肌膚而言，最重要的是保持皮膚清潔，並且防止乾燥。頭髮容易髒污，所以也容易產生變應原

（allergen）。適度使用洗髮精可以減輕過敏症狀，但請參考下述事項。

最近洗髮精為了反映消費者洗髮次數增多，多半抑制其洗淨力，但也會對敏感性肌膚造成刺激。有人在沖頭髮時，洗髮精流到臉部引起斑疹，也有人洗髮時洗髮精接觸臉部而引起濕疹。

不少人洗髮後使用髮油、髮膠、髮雕塗抹頭髮，但必須充分注意，不要對肌膚造成刺激。當肌膚過敏時，最好不要用這些物品。

因為用這些保養品，則頭髮容易沾污，必然增加洗髮次數。另外，盡量使用刺激性小的洗髮精，洗後立刻沖乾淨，不要讓洗髮精殘留在肌膚表面。但也不可摩擦過度，好好對待自己的頭髮與肌膚。

飾品的不良影響（金屬過敏）

我們的身體可以任意對待嗎？美麗的飾品、化粧造成各種皮膚問題。

金屬過敏是附在肌膚上的金屬製飾品，其金屬離子溶於汗而被皮膚吸收，引起抗原抗體反應。除了金屬製品之外，手錶、眼鏡、假牙等也會引起過敏，而且這幾年來因耳環的流行而激增。

為了戴耳環而穿耳洞，結果耳洞發炎化膿。從此開始金屬製品一碰到皮膚，就會產生過敏反應。耳環與金屬過敏之間，並不確定有明確的因果關係。但從小就習慣戴耳環的歐洲國家，金屬過敏症很多，而耳環尚未普及的日本，金屬過敏則不多

見。

以前總認為引起過敏的是鎳，認為金是安全金屬。但從最近的病例發現，金子也會引起過敏。而且一旦金子引起過敏，則終身都不能戴金飾品。並不是說耳環造成過敏，其他項鍊、手環就沒關係。

一旦懷疑自己是不是金屬過敏時，就立即請皮膚科醫生診斷。至少皮膚科醫生了解減輕症狀的方法，並會給予適當治療。

戴耳環注意事項

常聽說一句話，「身體髮膚，受之父母，不敢毀傷（穿洞），孝之始也」。現在耳環是極

每日不忘

普通的飾品，到飾品店很難不看見耳環。不少女學生在學校、父母的禁止下，自己到飾品店穿耳洞。

想想還真恐怖，即使使用專門器具、安全針，但事後保健如何？在金屬過敏一項也提過，一旦引起過敏，就終身不能配戴金屬飾品，所以即使你認為安全的金子，也絕無法令人安心。不用說，穿耳洞最好還是經由醫生的手妥善處理。

我建議第一次戴耳環者選擇鈦（titanium），因為至今尚未發現鈦引起過敏的例子。

穿耳洞後必須每天消毒，在傷口上皮化，全部癒合之前，不要將耳環取下。其間大約一個月。雖然很辛苦，但稍一不慎就可能引起問題。畢竟是自己身體的一部分，洗完澡後，以棉花棒沾消毒液，仔細地消毒耳洞四周，避免耳洞發炎。

一旦引起金屬過敏，就得請皮膚科醫生診治。但我們通常因為是耳環引起的問題而請患者取下耳環，不過卻遭患者拒絕，不願放棄美麗。當然，這種心情是可以體會的。

在此有另一種方法。例如嚴重鎳過敏的人，如果接觸到硬幣會發紅，但如果用膠帶等貼住鎳幣，就不會產生過敏反應。也就是不要讓金屬和皮膚直接接觸即可。戴耳環時，針部分可以用矽軟管套住，或用塑膠覆蓋，方法有許多，請和皮膚科醫生商量。另外，市面也有售與耳朵接觸部分用陶製品的耳環。

檢察因戴耳環化膿而前來求診的患者，很多並非化膿，而是因過敏而產生斑疹。用皮膚接觸測驗即可得知對鎳或金（產生過敏原因的金屬）有反應。本人不會區別而以為是化膿，實際上是過敏。一開始也許先化膿，但化膿後怎麼也無法好轉，就是因為長斑疹的關係。這時候只要除去耳環，或依前述方法處理。但無論如何，還是請專科醫師處理最好。

皮膚科醫師診察過許多這類問題，懂得如何治療才是最好的。金屬過敏的變應原大致上是一類，金子不行，換塑膠或鎳就好了。只要找出引起反應的金屬，就可以對症下藥。

日常保養保持「美麗」

身為女性醫生，面對每日前來的患者，心中有個很大的感觸。為什麼相同年齡，有些人看起來很年輕，有些人看起來卻很老。

這種差距從何處產生呢？我想還是與社會脫不了關係。

例如，在學校母姊會的座談會上，經常接觸社會的人，便會注意穿著、打扮出席。另一方面，一直待在家中育子的人，對服裝打扮的關心程度便較低。他們通常不化粧，除了偶而出遠門以外，不太注意服裝。從如此相反而相鄰的二人，就可知道日常保養的重要。

我想這是心情問題。

不是在家就會「老」、出外工作就會「年輕」。即使希望美麗的願望相同，但日常努力如何？應該是截然不同的差距。

不僅服裝、化粧，肌膚保養也一樣。如果平日仔細保養，就可以維持美麗肌膚。因為現在年輕，肌膚恢復能力好，所以即使日曬也不加預防，結果只有導致肌膚早日老化。值得注意的不只是化粧，還有睡覺前應徹底卸妝，讓肌膚充分休息。

2 肌膚方面的問題與解決方法

皮膚最大問題是斑疹

最近前來求診者，過敏型增加，使用化粧品引起斑疹的情形反而少了。因化粧品引起斑疹的患者減少，我想是因為產品成分改良之故。參加皮膚科學會，只要發現自己的製品發生任何問題，便立刻針對問題尋求改善之道，將成分更換為更安全內容。

遇到因使用化粧品而產生斑疹的患者，我們會聯絡製造廠商，請求提示產品成分。幾乎所有化粧品製造商都會立刻配合，必要時還會提供成分供我們檢驗。這一方面是因為對自己的產品有信心，一方面也希望如果真有問題時得到第一手資訊。我們也樂於向這些製造商提供製品改良參考方法。

不過也有極少部分不願配合的廠商，不願提供成分，或聲稱聯絡不到負責的人員，無溝通之誠意。更可惡的是連電話也打不通。

當你想嘗試新化粧品時，千萬別客氣，一定要先索取試用品。願意提供試用品的廠商，至少是對製品有自信的廠商。

青春痘是青春的象徵嗎？

詢問診所內的護士，他們通常稱腫皰為青春痘，是在十幾歲時，一過二十歲，就不再說長青春痘了。沒想到忙碌的現代女性老化得這麼快。我覺得二十幾歲還可以稱為青春痘啊！

腫皰的形成過程是，在皮脂分泌旺盛時期，毛細孔因污物或皮脂等堆積而形成

面皰，加上細菌作用形成紅面皰（丘疹），化膿即成膿疱的一連串經過。

依體質不同，有些人容易長青春痘，有些人就不容易長。即使同一個人，因巧克力、花生吃得太多，或女性荷爾蒙關係，在生理前也容易長青春痘。這種體調變化，肌膚會敏感地反應出來。

至於其他原因，服用類固醇也會影響面皰生長。原因複雜不能一概而論。

引起發炎之前的面皰，應該可以藉由注意飲食生活及皮膚保養應付。首先得徹底洗臉，洗掉囤積在毛細孔內的污垢及皮脂。長面皰的人多半屬於油性肌膚，很少過敏型，所以徹底洗應該沒關係。

只不過，也有罕見的過敏型肌膚長面皰者，這種人要注意不可用脫脂力強的洗面皂。

青春痘的對策及預防方法

一般而言，會因為青春痘而前來求診者，多半是發炎產生疼痛或化膿。

雖說「青春痘是青春的象徵」，但如果放置不管，任其惡化，留下的疤痕便會伴你一生。這種狀態稱為瘢痕，是指細菌作用使白血球破壞毛細孔的狀態。應該在這之前處理。

最近出現面皰專用藥膏，但與歐美比起來，數量、種類還是不夠充分。面皰有各種階段、症狀，應該使用不同成分藥物。

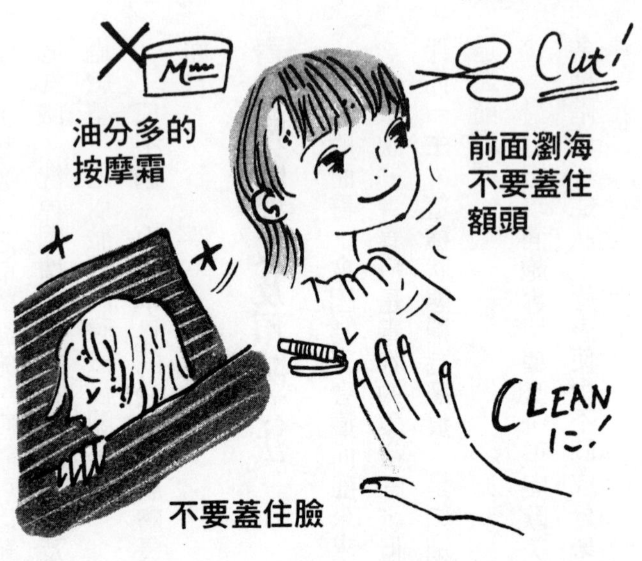

藉著塗藥就能改善的面皰，是屬於輕微型，嚴重情形得服用抗生藥物。幾乎沒有副作用，請和皮膚科醫生商量治療法。

預防方法最重臉部清潔，避免用油分多的面霜按摩。另外，不要讓瀏海蓋住額頭，指甲剪短以免抓破面皰。睡覺時注意不要讓頭髮、枕頭蓋住面皰。

但也不要對面皰過度在意，放鬆心情慢慢治療才是上策。

青春痘及腫疱

前項已經提過，以某年齡為境界，之前稱為青春痘，之後稱為面皰或腫疱。皮膚科

則稱為尋常性痤瘡。其實都是相同情況……。

若要說有什麼不同，十幾歲時之主因在於皮脂，二十歲以後，皮脂分泌減少，以化粧品所造成的腫疱比例最高。

二十歲出頭，皮脂分泌還很充分，這時如果同時使用美容液及面霜，便會使臉部油分過盛，因此，如果使用乳液或美容液，就不要再用面霜，自己斟酌使用之保養品，在減少油分上下工夫。

最近UV隔離、美白、防止老化等，訴諸機能性的化粧品增加，往往使人誤解，以為使用這些化粧品就能保持美麗肌膚。結果明明自己是油性肌膚，卻用了油分多的化粧品。

這麼看來，十幾歲以後長出的面皰，可以說是自己造成的。

由此可知，包含飲食生活在內，面皰、腫疱正是你肌膚健康的測量器。

雀斑的原因是日曬

因雀斑而前來求診的患者，通常都有登山、運動等在太陽下暴曬，或曬太陽時沒有特別保護肌膚的現象。因此我發現，雀斑最大的原因就是日曬。被太陽曬成褐色的肌膚，雖然給人健康的印象，但對肌膚而言卻是相當沉重的負擔。

各位有沒有發現，平常不特別保護肌膚的男性，或注意手、臉不讓太陽曬的農家年長者的頸部，因為經年累月暴曬而使肌膚堅硬、出現深皺紋（促進老化）。由此可知日曬對肌膚不佳。

為什麼日曬會讓皮膚變黑呢？因為皮膚為了防紫外線，會製造大量的黑色素，而且黑色素的顏色很濃。

防曬霜、UV隔離霜或美白化粧品非常受歡迎，由此可知這是愛好白色肌膚的時代。防曬的效果以SPF值表示。例如SPF10是表示曬三十分鐘可獲得三百分的保護。以日本日照為例，SPF15就夠了。

但由於汗、水會使防曬霜脫落，所以並不是塗一次就夠了。不但必須反覆不斷地塗，最好能夠合併使用寬帽子及陽傘。另外，化粧品沒有藥物般的治療效果，所以出門前應以UV隔離霜、美白化粧品保護。日曬後的紅腫恢復之後，再以保濕效果高的化粧品保護肌膚。

如何治療雀斑、色素沈澱？

在三十歲後半，雀斑主要是黑色素沈澱在鼻下、兩頰、額頭，醫學上稱為汗斑。中年以後，主要在臉、手背形成大小褐色之色素斑，稱為老人性色素斑。另一方面，蕎麥皮是遺傳形成如米粒大的褐色色素沈澱，在青春期時開始顯著。

還有斑疹使皮膚變黑的黑皮症，以及尼龍布摩擦皮膚過度引起的「摩擦黑皮症」等疾病。以上均為紫外線引起的色素沈澱所產生的皮膚病變，所以預防紫外線相當重要。

對付這些色素沈澱引起的疾病，治療方式不同，所以應請皮膚科醫生診治。治療肝斑分為外用藥及內服藥二種。外用藥是利用維他命C誘導體，成為容易被皮膚吸收之形。天然維他命C無法被皮膚吸收。另外，還有胎盤素、熊果苷、麴酸等等。

內服藥有維他命C、維他命E、止血劑之一的凝血酸。在避免紫外線的狀況下連續治療二～三個月後就能看到效果。

最近受矚目的是，對老人性色素斑使用維他命A軟膏，效果不錯。黑皮症的治療從去除形成因子開始。因使用化粧品而產生斑疹時，要中止化粧，盡量不要刺激皮膚。只要適當治療及除去原因物質（化粧品中所含之色素、香料、防腐劑），一定可以恢復美麗肌膚。請接受皮膚科醫師指導。

解除暗淡的煩惱

肌膚失去透明感的狀態就稱為暗淡。但這並非疾病，所以無法以醫學說明。原因實際上有很多，肌膚污穢、血液循環不良、雀斑或蕎麥皮等色素沈澱的前階段，還有身體狀況不佳、睡眠不足、吸煙過多、疲勞、精神不振等等，均會對肌膚造成影響。

肌膚污穢的情況，多半是化粧品等油分殘留，混合灰塵形成。從這層意義而言，徹底清潔很重要。

暗淡是表面的現象，臉色好不好，依當天狀況而異。「今天臉色不好」，便以化粧掩蓋，但這往往是肌膚發出的求救信號。

其中之一是老化的象徵。三十五歲前後開始，皮脂分泌減少，傾向於乾燥肌膚角質層增厚，水分不足，終於失去光澤。

保養方法以保濕為首要。徹底洗臉後給肌膚水分，再進行基礎保養。

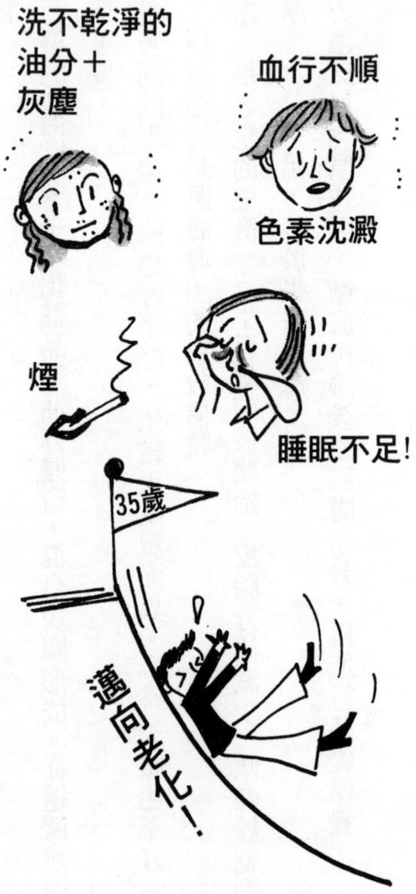

臉上缺乏光澤不是病，但卻不是健康肌膚的狀態。

各種斑疹的原因

斑疹是肌膚受到外界刺激，引起發炎的狀態。縐縮、刺痛後開始癢，肌膚感覺

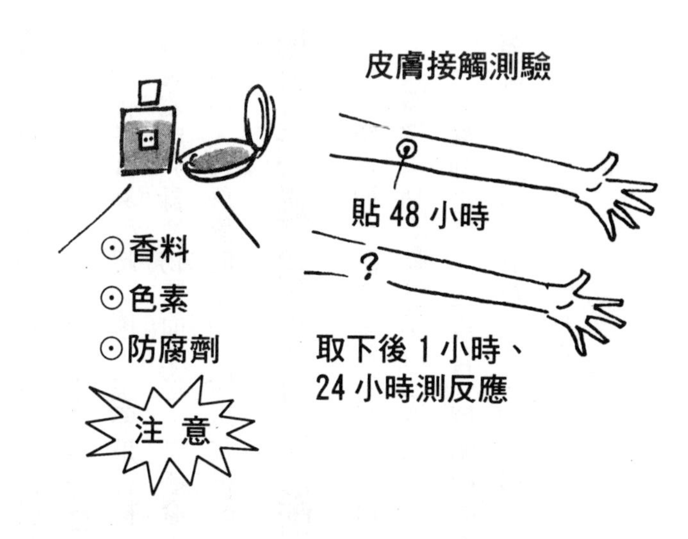

熱熱的。嚴重時會有灼熱感，甚至水腫。斑疹有刺激造成的與過敏造成的。刺激性斑疹只要降低濃度，就不會出現反應，但過敏性斑疹即使降低濃度仍有反應。

引起斑疹的原因各人差別很大，很難有個定論。一般認為容易引起斑疹的油漆，有些人根本沒反應。但對於大多數人不會產生斑疹的東西，有些人卻出現反應。這是對這個人而言的過敏物質引起斑疹。想了解斑疹原因，可以進行皮膚接觸測驗。

皮膚接觸測驗是將少量化粧品擦在手臂內側或背部四十八小時，除去後一小時與二十四小時後，檢查皮膚的反應。如果此部位發紅、長疹斑、腫疱就是陽性。自己要確定化粧品是否合適，可以在手臂內側連續使用化粧品三天，看看是不是發紅或發癢。

化粧容易引起斑疹，主要是香料、色素、防腐劑等成分，或這些成分與紫外線接觸變成光毒性物質而產生。斑疹發生原因因人而異，你用了不錯的化粧品，也許正是他人起斑疹的原因。所以化粧品不要借來借去，挑選適合自己肌膚的化粧品。

懷疑是否過敏時不要自己診斷

過敏這個名詞好像並不孤單，自從大眾傳播媒體採用之後，就廣為流行，甚至有人纖細得動不動就說自己過敏。

在醫師之間，並沒有一個明確的標準，怎麼樣才算過敏。因此也曾發生皮膚科醫師與小兒科醫師意見不同的情形。在此，日本皮膚科學會製作了「過敏性皮膚炎之定義、診斷基準」（案）。

①發癢。

②出現濕疹或發癢的強烈紅斑。

③慢性、新舊皮疹混合的反覆性經過。

④有過敏性病歷，家族有過敏型患者等過敏因素。

雖然有時癢得無法忍受，但不可自己判斷過敏而塗藥。因為雖然塗藥的結果使症狀好轉，但之後診斷時很難了解疾病原因及經過。

請儘早就醫。

過敏性皮膚炎無法於治療後立刻見到成效，應以減輕癢及濕疹等對症療法為中心，持續進行治療。因此，必須挑選值得信賴的醫生，與其商量飲食、生活習慣等，共同尋求解決之道。

預防小皺紋、皮膚鬆弛的方法

早晨起來攬鏡自照，發現臉上有小皺紋，對女性而言真是恐怖的一瞬間。

雖然隨著年紀增加．以及年輕時疏忽，到了某種年齡便放棄保養等原因，會使小皺紋出現，但只要每天保養，還是可以預防小皺紋產生。

前面曾經提到過，紫外線會促進皮膚老化，也是使小皺紋出現的原因。小皺紋不久之後就會變成深皺紋留在臉上。

首先必須用防曬霜等保護肌膚免去紫外線照射。

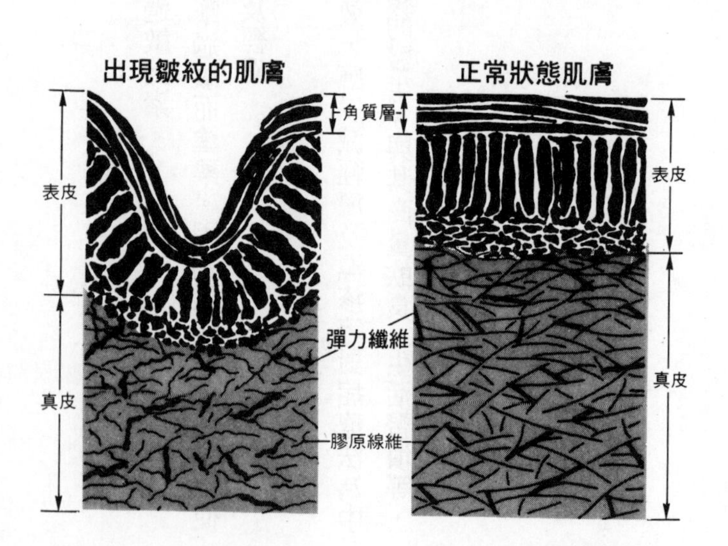

其次，皮膚乾燥也會使小皺紋出現。皮膚乾燥是由於皮脂分泌減少，保濕機能衰退之故。因此，應適當補充化粧水、乳液、面霜等，使肌膚保持水分與油分。保持肌膚濕潤，對防止小皺紋很有效。

順序是以化粧水調節肌膚，以乳液及面霜維持滋潤平衡。如此一來，小皺紋就不容易出現，即使出現也不明顯。

鬆弛是肌膚失去彈性的狀態。小皺紋也是造成鬆弛的原因。保持肌膚彈性的是真皮部分。真皮位於表皮之下，由膠原纖維及彈性纖維形成，有血管、淋巴管、神經、毛根、汗腺、皮脂腺等。

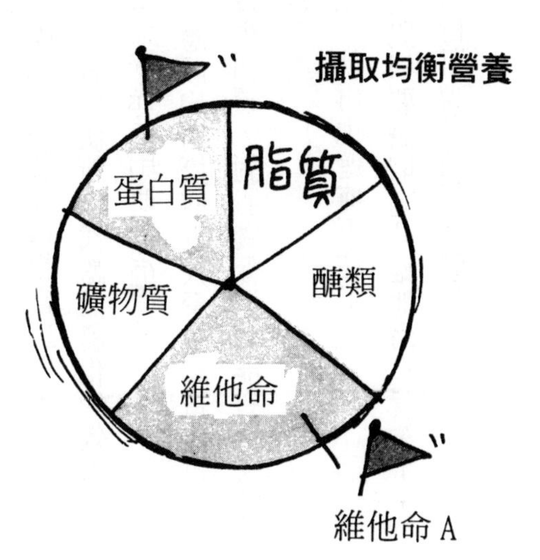

由此可知，飲食、睡眠帶來充分營養，使新陳代謝活潑化，才可形成光澤有彈性的肌膚，也才能預防、改善鬆弛現象。

而使彈力纖維改變，促進老化的是紫外線。因此預防紫外線相當重要。

為了使真皮的毛細血管順暢，按摩很重要，更有促使新陳代謝活潑化的效果。只不過，有面皰、乾裂、過敏等問題的人，還是應該先找出原因治療。

充分而均衡的營養，可從體內創造美麗肌膚。應該均衡攝取五大營養素蛋白質、脂肪、醣類、維他命、礦物質等。尤其維他命及蛋白質，對肌膚保濕機能有很大的貢獻，攝取不足則水分流失、乾裂，肌膚失去彈性。

不管化粧技術多麼高明，一旦肌膚失去彈性，就再也遮掩不住了。

減肥飲食往往使營養均衡失調。有人認為美肌只要攝取充分維他命C就夠了，但五大營養素均衡才能創造健康美的肌膚，並保持肌膚彈性無小皺紋。

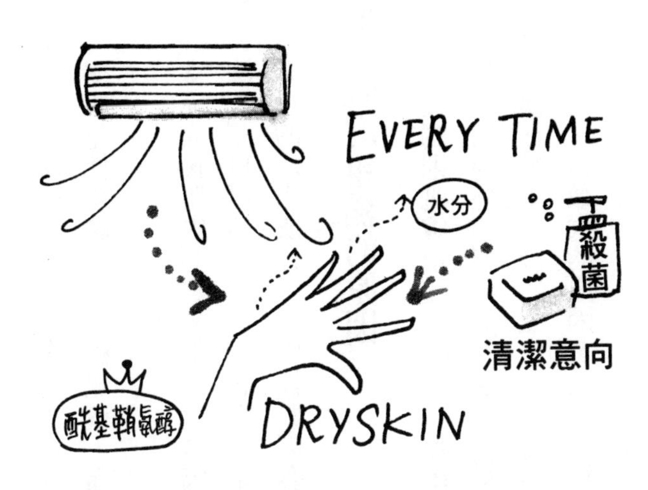

發癢與乾性皮膚

大概你有這種經驗，一到冬天空氣乾燥就感覺癢。乾性皮膚是皮膚喪失水分引起的現象。維持皮膚水分的是角質層，此作用稱為保濕，而皮脂能提高保濕機能。青春期前的孩子或皮脂分泌少的老人皮膚乾巴巴的，容易感覺癢就是這個原因。

當然，最近也不單純說是皮脂減少。由於居住的氣密性高，不像以前般有風從縫隙進入，住家及辦公室都處於空調狀態，使皮膚逐漸失去水分。整個環境讓人容易成為乾性皮膚。除此之外，太愛清潔而過度清洗臉和手，毛巾摩擦使皮脂膜脫落，這些動作對肌膚而言，都是無法忍受的事。

變成乾性皮膚後，會感覺癢，搔癢造成微小傷害處，細菌便侵入，引起二次傷害。

洗完澡後肌膚感覺光滑，就是因為角質有充分的水。盡量保持此狀態是對付癢的方法。而也可利用乳液、面霜補充皮脂膜失去的水分及油分。尤其是酰基鞘氨醇這種微量的皮脂成分，對乾性肌膚有很大助益，也可以添加在化粧品中。

追究肌膚粗糙的原因

一接觸則肌膚粗澀，好像粉掉落一般，嚴重時還會出現像頭皮般的東西。一言以蔽之，是粗糙皮膚，實際上原因有很多種。沒有經過保護的皮膚接觸過多紫外線、過度暴露在風雨、冷空氣中，或使用了不適當的化粧品、營養不均等等，都會造成皮膚粗糙。但最大的原因還是在於洗臉過度。

將洗面皂放在手掌心，搓揉後輕輕在臉上按摩，汙垢即可完全去除，如果使勁

地拼命搓，則保護皮膚的皮脂膜就會被搓掉。尤其是有面皰的人，大概比較注意臉上油膩，可能一天洗好幾次臉。皮脂是保護美麗肌膚不可或缺的，除非經過特別運動，否則一般人只要早晚各洗一次臉就夠了。

了解原因之後，利用以下應對方法，即可解除粗糙肌膚。充分攝取營養、使用適合自己肌膚的化粧品、塗防曬霜隔離紫外線、戴遮陽帽、寒冬外出時擦乳液或面霜當保護膜、手碰觸水後擦一點護手霜補充油分等等，都可以改善粗糙肌膚。

只要確實遵守這些基本保養法，應該可以預防肌膚粗糙。

另外一點很重要的是睡眠充足。歷史在夜晚形成，而美麗的肌膚在深夜熟睡中形成。

醫生巧妙的方法

坦白說，有可愛的患者與不可愛的患者。並不是醫生特別偉大，患者非聽醫生的話不可。但比起不遵守注意事項，一味吐苦水的患者，醫生至少是積極努力治療的人。這種治療的心情很重要，對於治療效果也有相當深遠的影響。

對患者而言，醫生的話可能只是一些偉大的說詞，很多患者認為醫生不了解自己的心情。如果不信任醫生，大概就不會遵守注意事項吧！如此一來，治療效果當然大打折扣。

首先，你得先找到肯聽你訴苦的醫生，充分交談後形成信賴關係。面皰也好、雀斑也好，治療期間的過敏症狀更不用說，都該一五一十告知醫生，因為醫生和患者是目的相同的伙伴。

我也找到全心信賴我的患者，在這種情況下，我總會不自覺地放下工作，思考該怎麼樣做，並找尋各種有利治療法。而患者也有這種方法不行，再試試別種方法的決心。終於找到適合治療方法。

我認為最重要的是人際關係。醫生真正的工作是全心全力將患者治療。

第3章
安全脫毛

ノ 各種脫毛方法

脫毛的歷史

自從人類有美麗的意識以來，化粧技術便不斷進步。不用說，其中也包含除去多餘體毛。

但脫毛方法至今還是沒什麼改變，以石子摩擦身體脫毛、用夾子拔、用剃刀等等。

中世紀歐洲貴族之間流行脫毛，並非全是美容上的問題，還有去除蝨子、跳蚤

衛生上的需要

之衛生上需要。像義大利、羅馬雕刻般創造出美妙的身體一樣，人類一直在進行脫毛工作。為了使自己的身體更美，除了傳統方法外，也不惜利用膠帶等有些疼痛的方法。

但這些方法都只是暫時脫毛而已，雖然除去了，不久之後還是又長出來。於是人類不斷探尋有什麼一勞永逸的除毛法。

永久脫毛在醫學上被研究，緣於「倒睫毛」的治療。美國眼科醫生沿著睫毛刺針，通過電流之後進行永久脫毛。

當此技術傳入日本後，醫師們非常熱心研究。但由於脫毛究竟是屬於醫療或美容領域並不明確，所以在技術尚未完成前就陸續出現各種問題，使得醫師們的熱誠急速冷卻。

不過由於脫毛需求性高，使得此技術流入市面美容服務業。要進行永久脫毛，必須將針「刺入」人體，這應該是醫師或在醫師管理下，護理人員才有資格做的「醫療行為」。

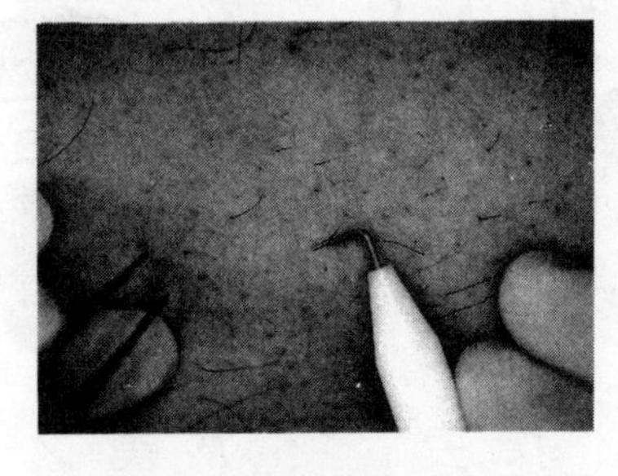

像這樣以絕緣針刺入一根一根毛中。

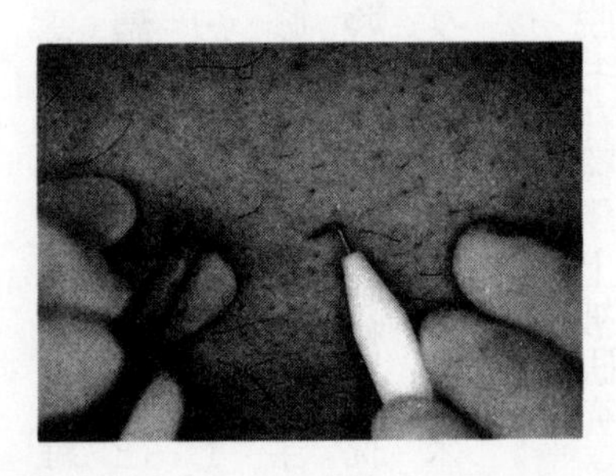

另外，永久脫毛會造成肌膚負擔，所以事後護理很重要。從此層面來看，應該由醫師進行脫毛處理。在脫毛市場擴大中，美容業者不完全知識、經驗、設備所進行的脫毛，使問題急遽擴增。

脫毛還是得由醫師來做，因此成立日本醫學脫毛協會，開發研究更安全確實的永久脫毛技術。

只不過，目前脫毛應在醫院進行，而且一根一根處理毛需要花費很多時間的觀念，似乎尚未普及，應該多加強宣導。

毛的一生

你是不是在梳頭、洗頭時為自己掉了那麼多頭髮而吃驚？毛脫落後會再生，這種一連串的週期稱為毛週期。暫時除毛後毛會再生就是這個原因。

毛週期依身體部位不同而異，從數個月至一年。大致上可分為成長期①、成長期②、退行期、休止期。例如手腳毛的成長期為三～六個月、頭髮為二～六年、陰毛為一～二年；休止期陰毛為一～一年半，其他部位為三～五個月。

在此介紹皮膚與毛的關係。

整個身體約有一百萬至一百五十萬根毛。露出皮膚表面的部分稱毛幹，隱藏在皮膚下的部分稱毛根，其最底是如球根般膨脹的毛球。毛球位於真皮與皮下組織之間。請看圖，毛球底部有毛乳頭，正上方有毛母細胞。此毛母細胞分裂，毛便開始成長。在此時期，毛乳頭比原來位置稍高。

一段時間，毛在皮膚中成長（成長期①），不久即露出皮膚表面，在繼續

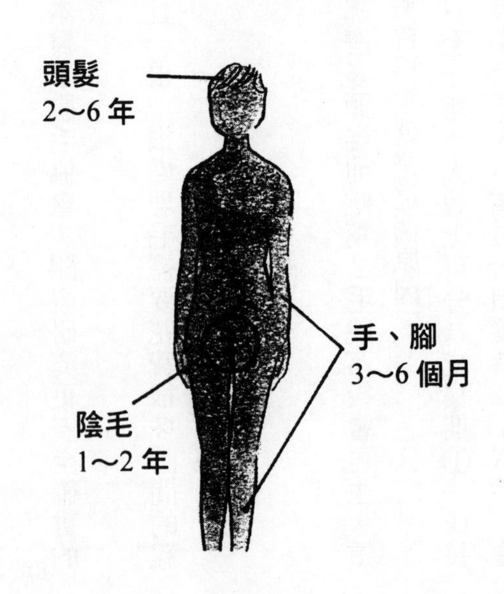

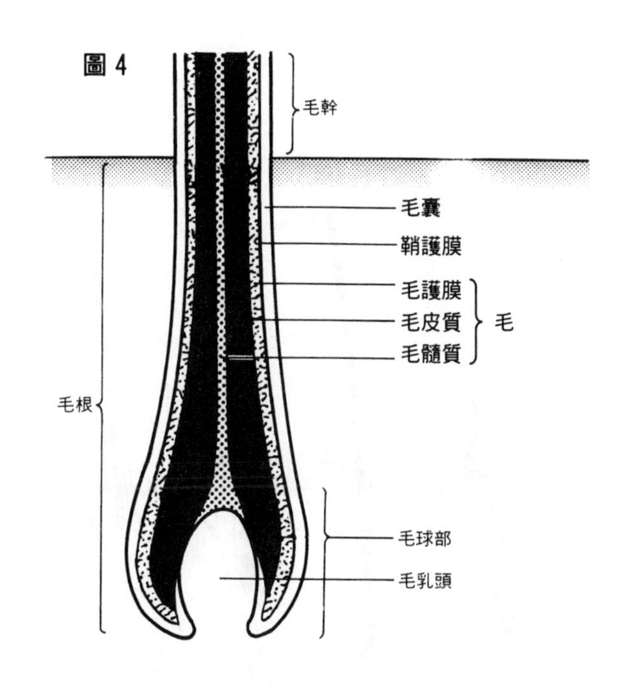

伸長的同時也變粗（成長期②）。這時毛乳頭微往深處移動，到達皮下組織。毛母細胞分裂停止，毛的成長也停止，毛乳頭再往上移動，毛球也縮回（退行期）。不久，毛乳頭與毛脫離，毛自然脫落，毛乳頭成圓形進入休止期。

如前所述，三個月至一年休止期結束後，毛細胞又開始分裂。

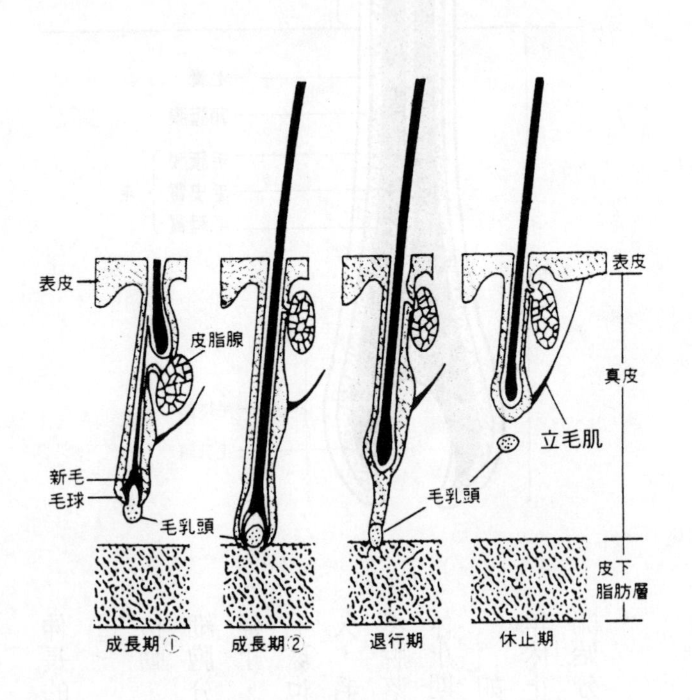

毛的成長與毛週期

何謂暫時脫毛？

一般在家庭中進行的脫毛，不論拔或剃，都不是根本抑制毛生長的方法。

首先是以剃刀剃毛的方法。

比較安全，可以自行在家做的簡單方法，最常被採用。但有不少人表示，長出來的毛越來越粗、越濃。事實上，姑且不論擔負何種機能，毛的生長是自然狀態，如果硬要違反自然除去，身體當然會發生代償現象。

另外，與毛生長反方向剃毛，會使毛細孔受傷，容易讓細菌入侵，有化膿的危險。用夾子拔毛或利用脫毛膏、膠帶的人也不少。如果巧妙處理，大概一個月不會長出新毛，但卻成為埋沒毛，或想長出來的毛與皮膚衝突，引起毛囊炎。

脫毛霜或是用於處理長到皮膚表面的毛，因為毛根還在，所以新毛馬上就長出來。雖然簡單又不痛，但也有人會出現斑疹。

啊！
長得又粗又濃，
騙人嘛！

何謂永久脫毛？

只要毛根、毛乳頭還在，毛就會繼續生長。反之，只要利用某種方法處理毛根、毛乳頭，就可達到永久脫毛的目的。

一般利用電治療法。也有可自行在家做的永久脫毛法，但這只不過是在夾子上通電後拔毛，與單純拔毛類似，毛還是會長。

要永久脫毛，就一定要破壞毛乳頭，因此必須將接觸點插入毛乳頭。此接觸點就是針。

將針刺入身體的行為，屬於醫療行為，本來應該由醫師進行。但現狀卻非如此，這實在是不得不令人擔心的問題。

「街坊專家」使用電流脫毛法，首先有電分解法。也就是在針上通微弱直流電，以電分解組織液，利用化學方法破壞毛球、毛乳頭。因為電流時間長，現在幾乎不被使用了。

接下來有高周波法。透過針使高周波流通，藉著熱破壞周圍組織。短時間就可以完成，但高熱卻往往使皮膚產生問題。

另外還有綜合二種方法的混合法，可說是當今主流。但也會併發皮膚表面燙傷或色素沈澱等問題，相信許多人在報上看過報導了吧！

毛從何處生長

前面已經提過，一般毛是由毛球製造。但最近多源說登場，備受各界矚目。毛的發生源是複數，毛色正是主角。毛色就是捲毛根的組織，範圍之廣從接近皮膚表面處至毛

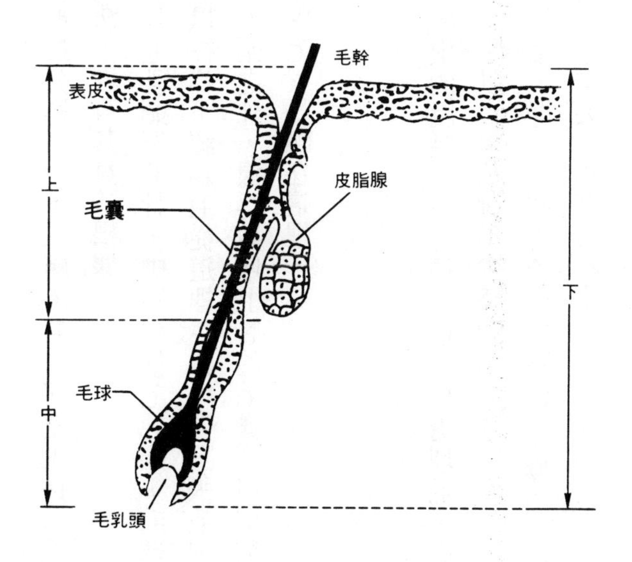
毛幹
表皮
上
毛囊
皮脂腺
下
中
毛球
毛乳頭

球。

多源說將此毛囊分為上中下三層。毛從何處生長，說法多少有些差距，但不論從何處生出的說法，均有其實驗根據。

此處的下層是毛乳頭至毛幹，中層包括毛乳頭、毛球部，上層包含中部毛包及皮脂腺部毛囊，以往都不認為毛從這裡生長。但主張毛由此生長者，是因為在脫毛的時候，除了毛乳頭之外，還得破壞上層的毛囊。但這種方法會使皮膚組織更受傷害。安全的永久脫毛就是難在這裡。

需費時多久

利用電破壞毛根的脫毛法，必須一根一根處理毛。而且一般進行的混合法，通電要五~十二秒，所以必須花費不少時間。

脫毛依個人毛量、部位不同，條件均有差異，無法一概而論，不過以腋下為例，一個月處理一次，通常要一年至一年半。

處理脫毛者的技術也有很大影響。技術純熟者處理動作快、疼痛少，缺乏經驗者就不同了，而且恐怕處理不完全，毛又繼續生長。除了發炎等皮膚問題之外，時間造成的成本提高往往也是一大問題。脫毛產生問題最多的就是這一點。

通電將針刺入人體，應該由合格醫師擔任，而且必須是受過充分訓練的醫生。一根毛一根毛仔細處理，得有相當耐心與努力才行，如果彼此缺乏信賴關係，則本來不痛也會感覺痛。

既然要脫毛，就得找值得信賴的醫生，才可在最短期間內滿意脫毛。

毛多的人與毛少的人

觀察前來求診，希望脫毛的患者，很少是非脫毛不可的。但因為他們自己的毛太多，或有主觀上的意識，使我們無法表達什麼意見。

例如手腳的毛，格外受到重視。雖然在他人看來沒什麼，但本人都非常煩惱。

相反地，也有旁人一看驚訝毛這麼多的人，本人卻一點也不在乎。這樣最好。

毛多毛少並沒有明確客觀的判斷基準，而且也不應該由第三者來判斷。毛的多少應該看自己的滿意程度，因人而異。

例如，有濃毛而吸引男性注意的女性，也有男性毛不多，但卻因戀人不喜歡而煩惱的情形。在此，自行判斷後進行脫毛，因而發生問題者不在少數。能夠安全解決此問題的是醫生。經過交談後能提出適當處理法。

如果你不知道自己的毛濃不濃、多不多，請和醫生討論看看。

費用？

街上脫毛招牌越來越多，可見越來越多人重視自己的體毛。脫毛人數增加，脫毛費用則非常分歧。以腋毛為例，從日幣數百萬元至二、三十萬元都有。

差距這麼大，讓人搞不清楚到底多少費用最恰當。不過，如果只處理腋下毛必須花費日幣五十萬元，那真是太貴了。便宜的也有二十萬元以下，但太便宜時得注意設備及技術。

另外，也有要求一次金額付清的，但脫毛必須費時一段期間，不得不考慮中途

腋下脫毛例

	次	右(根)	右(根)	時間	金　　額 (日圓)
6/14	1	597	499	1:52	52,800 初診費 2,000 檢查費 2,000 針　費 4,000 脫毛費 44,800
7/19	2	601	502	1:48	43,200
9/3	3	491	492	1:37	38,800
10/4	4	360	343	1:00	24,000
11/4	5	279	270	49	19,600
12/5	6	301	257	56	22,400
1/13	7	207	211	53	26,260 (含針交換費 4,000)
2/14	8	163	137	32	13,440
3/10	9	127	102	29	12,180
4/11	10	145	159	37	15,540
6/6	11	172	129	30	12,600
7/17	12	76	53	18	7,560
8/22	13	124	90	20	8,400
10/9	14	103	89	20	8,400
12/10	15	112	82	25	10,500
計		3,858	3,415	12:26	315,680

各種事情變化，最好要求每次付款。

費用依脫毛處理者的技術力而不同。技術差的人，一次除毛數少，必須花費較長期間。

本書後頁列出皮膚科、整型外科、美容外科醫生所組成日本醫學脫毛協會所具備之「脫毛師」資格，一般人能客觀地判斷其人技術，並比較其處理期間及成本。

脫毛無傷肌膚嗎？

暫時脫毛一項已經提過自己脫毛的危險性，埋沒毛、毛囊炎等問題絕對不少。不論剃毛、用脫毛膏或膠帶，都會造成皮膚的負擔。

極端而言，自己脫毛後的肌膚，會造成眼睛所看不見的傷害。這也是發炎的原因。

但消毒等完備處理過程，可以使肌膚傷害減至最低程度。

甚至可以斷言，除了醫師視肌膚狀態進行脫毛外，沒有更安全的方法了。

再提醒一次，不要自行判斷勉強脫毛。很難說明到什麼程度是勉強，從什麼地方開始是勉強。當時的身體狀況、肌膚狀態、女性生理前或生理後，都會造成大影響。當然，肌膚有任何異常時，應該不能脫毛。如果抱著一點點沒關係的心情，恐怕會引起無法挽救之事。

充分確認這些條件，並在醫院進行，即可在安全狀態下脫毛。

最好到哪裡脫毛？

從街頭招牌、報章廣告得知，處理脫毛的地方越來越多。由於至今對脫毛的處

吸引女性的廣告傳單。一週夾報量

理，尚無特別的資格限制，所以什麼人都可以做。但會到這些地方做脫毛的人，應該都是希望永久脫毛，而不是過了二、三年之後，體毛又再度生長。

永久脫毛的技術並不簡單。事實上，毛從何處開始生長的新學說不斷上場，研究工作也持續進行著。但醫生儘量在有效率的脫毛方法上下工夫。

一般人也許視脫毛與美容

為同一領域。為了使自己更美麗而進行，當然是如此，但得注意與身體的關係。以毛細孔來說，因為需要以通電的針刺入身體，所以具備醫學知識、資格、設備、經驗很重要。

但知道醫院也進行脫毛處理的人並不多，而且也往往不知道還有這種門診。為了使患者對於脫毛更慎重思考，今後我們醫生非得聯手不可。

脫毛師制度

永久脫毛需要專門知識與技術，這一點大家都知道，但至今卻仍是放任狀態。醫師方面不用說，如今美容業者也開始討論關於脫毛處理的資格。

例如，理容師、美容師有國家考試，也需要具備皮膚科的知識。相同地，脫毛處理與皮膚接觸更密切，但卻沒有資格限制，真不可思議。

一九八五年，日本約三十位醫師聯合發起「日本醫學脫毛協會」。當時厚生省認同使用針的脫毛，是醫師的間接醫療（與注射相同，必須由醫師或在醫師指導下

護士進行的行為）。

日本醫學脫毛協會之後在日本全國各地舉行研討會，努力使技術向上。結果，在醫院的電子脫毛獲得大多數人的滿足，紛爭也減少了。

要成為脫毛師，至少得擁有護士資格，經過三十小時前期實技研修、五十小時自己研修提出報告後，還得接受十八小時的後勤實技研修。

脫毛師必須在脫毛指導師下進行嚴格的個別訓練後，才能獨立作業。

國外的脫毛情事

與體毛不濃的日本人比起來，歐美等國民對脫毛的關心程度較高。但他們所使用的脫毛法，幾乎都是電分解法，還很少使用小林敏男博士所開發的絕緣針脫毛法，資格無特別限制的國家也不少。

限制只有醫生才能進行脫毛的國家寥寥可數，只有比利時和法國。

另外也有些國家規定，必須經過某種程度的研修才能取得資格。

這十年來，小林博士參加幾次在加拿大、泰國、以色列、西班牙等地召開的國際學會，並發表論文，使得世界各地專家們注意到絕緣針的存在。實際至小林博士處學習絕緣針脫毛技術的醫生、護士也有增加的趨勢。

相信今後世界各地利用絕緣針安全脫毛而解決煩惱的人一定越來越多。日本的技術讓因毛而煩惱的人恢復笑顏，真是太好了。

但日本人對於國內脫毛情事好像應該更加油。當世界各地人因絕緣針這種技術而造訪日本時，看到四處林立的脫毛廣告招牌，不知有何想法？

2 在醫院進行的醫學脫毛

什麼是醫學脫毛？

利用針與電的脫毛技術由美國開發成功，但更有效率、問題更少的脫毛法仍一直在研究當中。電脫毛法、電凝固法、混合法等各種方案，各有其優缺點。現在日本醫學脫毛協會，則採用最安全、確實的絕緣針方法。

另一方面，美容業者所採用的並非絕緣針脫毛法。第一，將針插入人體這件事，必須由醫師或具有醫師資格的人進行。無醫學知識、技術成熟度不夠的人進行，往往造成其他問題。

人體有一百萬至一百五十萬根毛，從裸體在山野中奔跑的原始時代開始，體毛就占有很重要的功用。如今雖已非原始時代，但像頭髮保護頭部一般，腋毛或其他部位的體毛仍具有保護皮膚免於摩擦之效。

體毛生長的皮膚組織分為皮下組織、真皮、表皮，非常複雜，各部位又有其連帶關係，並非「唉呀」一聲拔起後就沒事了。如果你有心理準備會產生各種問題，你就隨便脫毛吧！但如果你想在保持健康肌膚狀態下永久脫毛，就非得在能夠判斷個人健康狀態、肌膚樣子，並具有處理知識與經驗處進行永久脫毛。

從這點來看，脫毛還是應該到醫院去。

最新脫毛法

透過針刺入毛細孔，利用高周波破壞毛根、毛球、毛乳頭，達到永久脫毛的目的。說起來很簡單，難就難在非得注意安全不可。

美容業者所採取的脫毛法，往往使毛再生，或造成毛細孔受傷處有色素沈澱等問題。

避免這些問題該怎麼做呢？

一九八六年，在日本濱松市開設皮膚科的小林敏男博士提出「絕緣針電凝固法脫毛術」。

小林博士針對永久脫毛加入不可欠缺的條件，就是利用電正氣處理皮膚深部的毛發生源，在不傷害皮膚的原則下，加熱至皮膚表面。因此而開發出來的便是絕緣針。要用細小的針施行安全的絕緣處理，好像很不容易。但完成後的絕緣針，對於有體毛煩惱的女性朋友而言，真是一大福音。

構造如圖所示，只露出針頭需要通電加熱的部分，不用加熱至皮膚表面附近。另外，從與皮膚接觸附近開始不可太粗，不僅針頭正確接觸毛根、毛乳頭而已，還得注意不更深入。絕緣針的粗細、長度，配合脫毛者有二十多種可供選擇，並衛生管理。

疼痛減少是特徵

拔毛時的疼痛誰都知道。平常習慣拔毛的人，大概已經習慣忍耐疼痛了。但有人受不了美容業者脫毛處理時的疼痛。利用電脫毛時，疼痛是由高周波造成的，通電時間越長越痛。

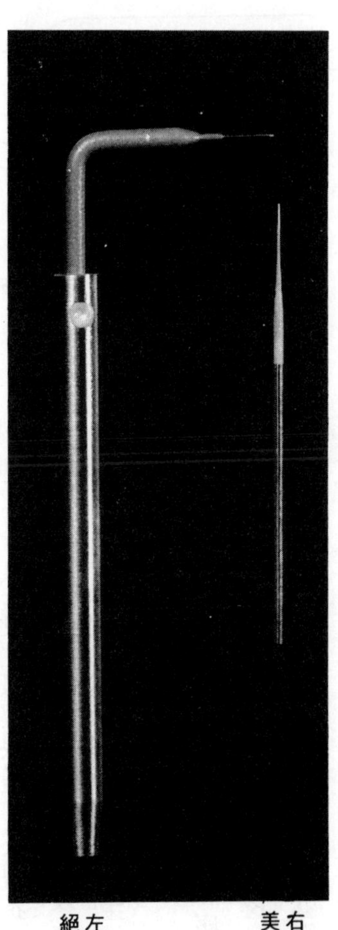

右側——美容業者使用的針
左側——絕緣針

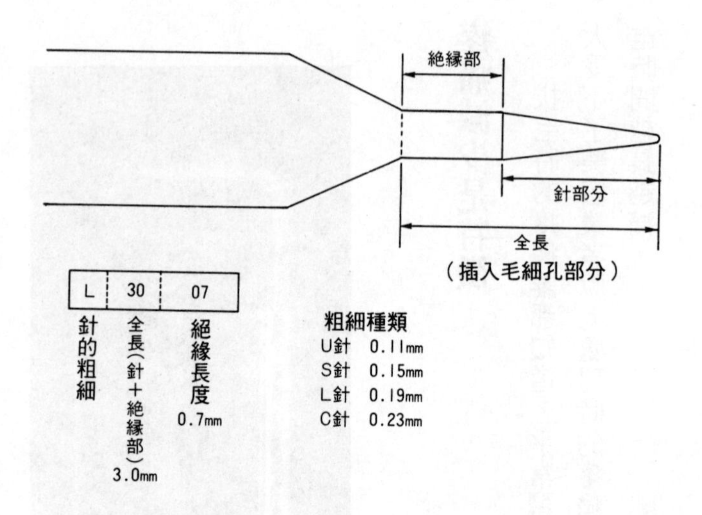

一般實施的混合法，通電時間為五～十二秒，而且這種方法通電會產生鹼性物質，當然無法使皮膚冷卻、疼痛減輕。化學作用是在皮膚溫度高的情況下活潑化，疼痛當然也強。

使用絕緣針的特徵如下：

①受絕緣部保護，皮膚表面不加熱。

②事前用冰袋冷敷減輕疼痛。

③通電時為四分之一秒至一秒，時間非常短，不會感覺疼痛。

因此，因其他脫毛法而痛得受不了的人，也會驚訝於疼痛減輕許多。

也許有些人認為，愛美就得忍耐疼痛，

這是錯誤的想法，因為疼痛是身體某部位異常引起的。盡量減少這種疼痛才是脫毛法最重要的一環。

也可以麻醉脫毛

感覺疼痛的程度因人而異。有人覺得沒什麼感覺的疼痛，有些人卻痛得跳起來。使用絕緣針的脫毛，許多人認為疼痛極少。但其中也有對疼痛敏感，一點疼痛就受不了的人，或者心理作用使疼痛感覺增加。

這些人可以利用麻醉。局部麻醉分為注射法和塗藥法。注射藥效比較快，但注射時會產生疼痛。塗藥法比較方便，但到麻醉效果產生需費一段時間。兩者均不影響脫毛處理，依個人喜好決定。

有人在生理期或身體不舒服時，特別容易感到疼痛。這種場合下，為了避免造成身體過度負擔，最好不要實施脫毛處理。

基本上由自己判斷，再由醫生配合你的情況選擇最佳時機，這也是脫毛技巧。

脫毛前應注意事項

絕緣針脫毛法非常安全，但有時也會造成身體負擔，所以最好挪一挪日子。

例如前項也提及，有些人在生理期仍進行V區以外的脫毛，結果感覺比平常痛。

接下來是懷孕時，精神呈現不安定狀態，最好避免脫毛，生產後再說。

其他因糖尿病等容易化膿的人，或整形外科手術裝入金屬板的人、裝心臟起搏器的人，都最好不要勉強進行脫毛。

另外，發燒到三十八度以上、血液檢查結果疑為肝炎、罹患感染症的人，也不可以實施脫毛。

脫毛處理必須在體毛長至某種長度時才能確實進行，但有些人昨天才剃過毛，今天就來要求明日處理脫毛。這樣是不可以的，雖然時間長短依部位而異，但至少也得等幾星期後。

由此可知，脫毛在冬季進行最合適。反正大家都穿上厚厚的衣服，就算毛長長了也不醒目，而且到夏季正好處理妥當。

安全從萬全準備開始

將針刺入人體的脫毛處理，一定要在安全、衛生的條件下進行。實際處理時會發現，在拔針時都很少看見針頭的出血。也有藉著通電使得凝固的皮膚組織薄薄的附著在針上。不小心的處理（手術），對脫毛者及脫毛師而言都不好。

前項已經提及，在事前應確認脫毛者的身體狀況及其他注意事項。同樣地，醫師等脫毛師也得在安全方面小心注意。

必須驗血確認自己沒有感染症，若疑似感染，就請別人代行。

絕緣針依粗細、長短不同，至今共有二十種尺寸。應該配合脫毛者選擇最佳尺寸。當然，應該放入專用盒內妥善保管。使用一次後就得經過消毒，所以請安心接受脫毛處理。

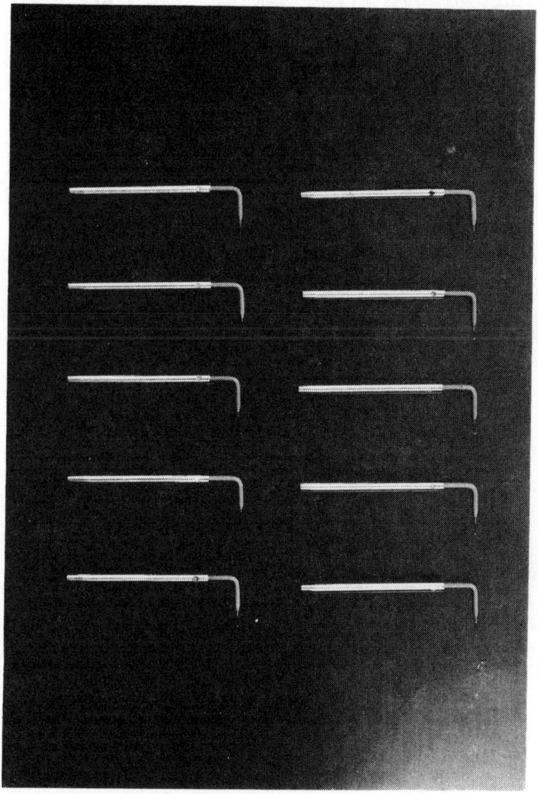

依脫毛者毛的粗細、脫毛部位而改變針的粗細 、長度。分為足部、硬毛用、手用、臉部用、V區用等粗細、長短不同的針。

也可能體驗試驗性脫毛

使用針的電脫毛，任何人一開始都會露出不安的神情。會不會痛？即使不會痛，心情也七上八下的。

要消除這種不安，最有效的方法就是實際體驗。試著拔三十～五十根毛，看看疼痛的程度，以及脫毛後的皮膚狀態。

而且可以直接和脫毛師交談，想知道什麼都能面對面溝通。

試驗性脫毛可在前來應診時進行。我想很多醫院也可接受預約，請先利用電話確認。但如前所述，希望處理的毛一定要長到某種程度。平常有剃毛習慣的人，等毛長一～二週後再嘗試脫毛。

實際脫毛和試驗性脫毛完全一樣，所以你能夠用自己的眼睛確認疼痛程度，或脫毛後自己的皮膚狀態、恢復情況。

恢復情況依部位及體毛粗細而異。腋毛、腳毛比較粗，紅腫大約持續五天。手

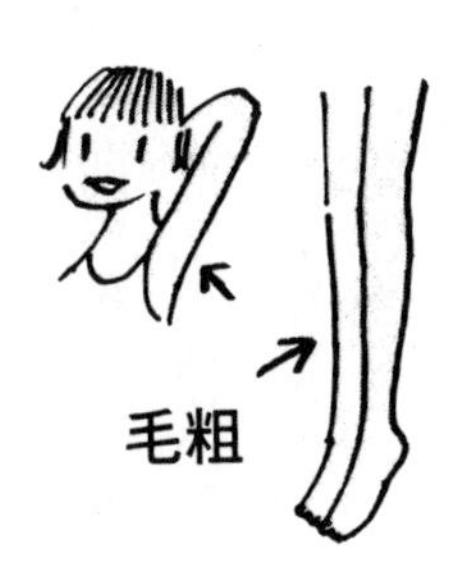

（絕緣針
￥4000左右）

毛就比較細，也許隔天就完全恢復了。

試驗性脫毛在加盟日本醫學脫毛協會的任何醫院均可進行。絕緣針是個人專用品（日幣四千元左右）必須付費，其餘免費體驗。請各位不妨試試看，相信一定能讓你安心。

脫毛造成的肌膚問題例子

絕緣針不但是現在使用的最佳器具，醫生還可配合脫毛者的身體情況進行脫毛處理。與一般使用的非絕緣針混合法相比，發生問題頻率極少，但這並非代表絕對不會發生問題。

脫毛師經過嚴格訓練後取得資格，站在脫毛者面前必須具有豐富經驗。但在一個一個毛細孔上刺針，其深度、角度等必須有微妙的技術，並非每個人都可做到。因此難免還是有問題產生。

列舉幾次脫毛問題實例。

首先是點狀紅斑，這不是什麼問題，而是脫毛後一定會產生的現象。因脫毛部位、針的粗細而異，大概數日可治癒。

接著是內出血。注射之局部麻醉，或脫毛針造成的毛細血管出血。普通針頭會自然避開毛細血管，但也有失誤情形，一個月內可恢復。

脫毛後約一個月，皮膚表面會有刺痛感，或反而感覺遲鈍。這是由於神經組織暫時受到損傷，過一陣子再生後即痊癒。另外也有脫毛後一週感覺癢癢的，這是凝固的皮膚組織自然修復所引起，約一週可痊癒，但也有一個月或更長期間才痊癒的。

脫毛後，皮膚有硬塊感，一壓就會痛。第一次沒什麼感覺，第二次以後脫毛時才會產生。一般認為是藉著電凝固範圍廣所引起，利用內服消炎藥或入浴時按摩，一～二個月可痊癒。

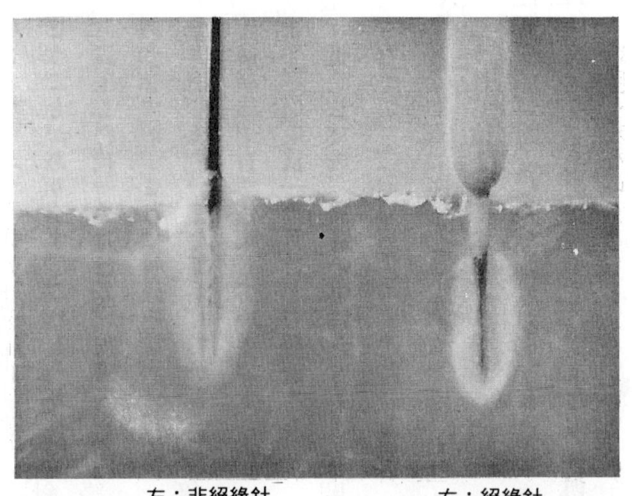

左：非絕緣針　　　右：絕緣針

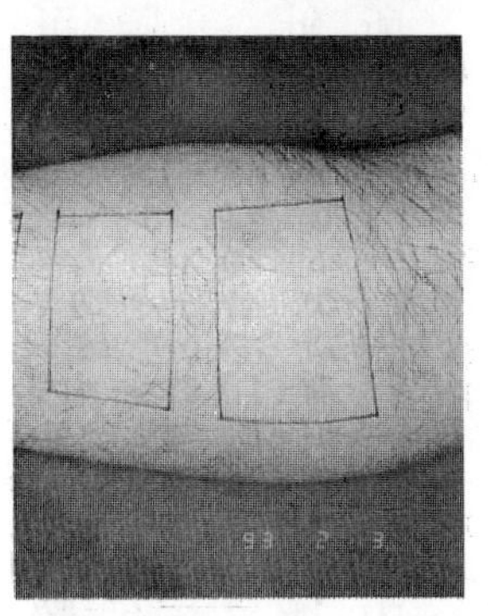

7年後：毛數一樣減少，但非絕緣針部分還有點狀痕跡，一處仍有傷痕。

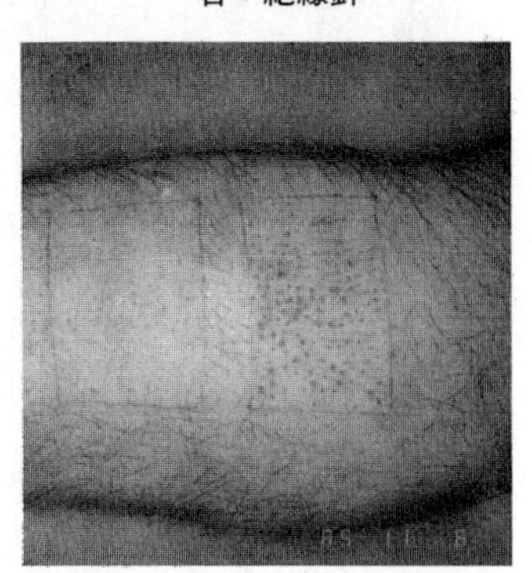

脫毛後第一週：左側使用絕緣針，右側使用非絕緣針。使用非絕緣針的皮膚表面燒傷，紅斑明顯。

也有人訴說皮膚變硬。脫毛時皮膚硬一點，隨著處理次數，毛減少後就柔軟了。

脫毛問題的代名詞是燙傷。使用絕緣針可防止燙傷，但也有極少數個案發生。思考其理由，大概有針的絕緣性不良（絕緣膜有傷痕）、針插入深度不當、皮膚內水分比率產生想像以上的電流。

脫毛師會詢問：「痛不痛？」通常絕緣針在皮膚表面不會受熱，所以疼痛少，但絕緣不良的情況就會疼痛（針非常細小，所以很難以肉眼辨認），由此即可知道針的異常。

為了預防燙傷，在毛濃密的部位進行間隔脫毛，不要使用必要以上的粗針，採取有效最小限電流量的因應對策。

事後保養的重要性

任何疾病、傷害都一樣，治癒是首要之道。好不容易脫毛成功，如果回家後不注意對待自己的皮膚，那就太可惜了。茲舉幾個例子。

脫毛部位產生一處一處小燙傷。脫毛後二天，不要讓皮膚太熱，也就是不要泡澡。

脫毛部位四天後才開始像平常一樣用香皂，四天之內使用清水沖即可。

脫毛處感覺灼熱時，可以用冷毛巾敷，但因疼痛劇烈而用冰敷則不行。

臉部脫毛的場合，請一星期不要按摩，否則會妨礙皮膚修復。

也有人游泳，原則上只要紅

斑消除，運動都沒問題。一般而言，脫毛後二～三天後再開始運動較好，但如果紅斑消失，則隔天運動也無妨。反之，若三天紅斑尚未消失，就請再忍耐些時間再運動。

醫學脫毛費用

不少人對於脫毛費用有不信任感。有些美容業者採前付制，甚至一次要求支付數百萬日幣。一次付清的情況下，假使有什麼不滿，也非去不可了。

日本醫學脫毛協會採每次支付制度，費用體系也很明確。

試驗性脫毛……只付脫毛用絕緣針費用（一支日幣四千元左右）

初診費……三千～六千日幣

檢查費……三千～六千日幣

血液檢查有無貧血、肝炎等。

脫毛用絕緣針……一支四千日幣左右

局部痲醉……………注射一次一萬日幣左右
　　　　　　　　　塗藥十克一千～二千日幣
顯微鏡脫毛…………每十五分鐘加計二千～二萬五千日幣
　　　　　　　　　可以非常正確、精密脫毛。
脫毛…………………因部位而異，以十五分鐘為單位，大概三千～八千日幣
另外也有要求支付消炎藥的情況。

契約書及同意書

以脫毛造成的各種肌膚問題為例，前項已介紹過，問題無法一〇〇%預防。因為患者及脫毛師均非機器或物品，所以非得考慮萬一不可。

我首先請患者詳讀日本醫學脫毛協會製訂的「醫師建議之永久脫毛法」，彼此充分了解內容後，再簽訂「契約書及同意書」。其內容記載哪一方所負的責任範圍，以及萬一發生問題時的責任歸屬。

在此範圍內，醫師盡最大誠意，同時也讓患者了解其責任範圍有限度。（參照範例）

有關永久脫毛之說明書及同意書

1、費用依所需時間每次計算。脫毛時間為按下秒錶後至脫毛終了，在患部塗上面霜為止。護士之交代、機械之移動等也包含在脫毛時間內。
2、同時使用二台脫毛機的情形，必須計算二台費用。
3、為了預防感染，有必要進行血液檢查。
4、為了預防感染，脫毛針均為個人專用。
5、脫毛次數及永久脫毛所需期間因人而異。
・四肢及腋下之脫毛，每３～４週上一次醫院，需要一年至一年半。
・乳頭及比基尼脫毛也一樣，一年至一年半。
・臉部脫毛需要特殊技術。(因脫毛後的腫脹嚴重，所以不可一次全部脫毛。只能依照患者希望，盡量減少期間，費時不短)
6、用電燒毛根時，皮脂腺也會受到傷害，有些人脫毛後會暫時痛灼熱，脫毛後的發紅消失後，請以乳液、護膚霜護理。
7、為了確認、比較脫毛效果，每次脫毛前會拍脫毛部位的照片。但不願者可提出。
8、隨著脫毛的進行，毛根狀態會起變化，所以也有必須配合毛根狀態更換脫毛針的情形。
9、脫毛術當天入浴請用溫水淋浴。
10、脫毛後發生任何異常，請盡速接受診察。無法受診時請電話聯絡遵從指示。

擔任試驗性脫毛師＿＿＿＿＿＿＿＿

患者　簽名＿＿＿＿＿＿＿＿

3 脫毛之實際部位脫毛費用及期間

腋下永久脫毛（三例）

生長在腋下的毛，其生長方向不太整齊，皮膚內部毛根的方向、毛伸長的方向都不相同，使脫毛處理更困難。接受試驗性脫毛的人，伸長快的人一星期，伸長慢的得等二星期後才進行脫毛。

腋下毛的另一特徵是，粗毛與細毛交替生長。尤其十幾歲至二十幾歲正值毛發

②A

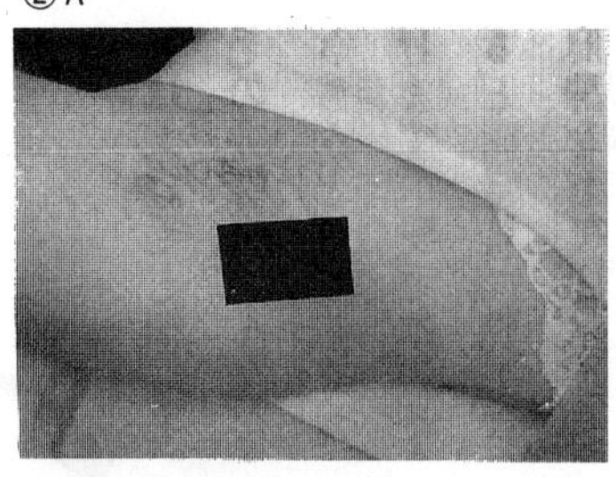

順利完成例
期間：1 年 8 個月
費用：190,900 日圓

①A

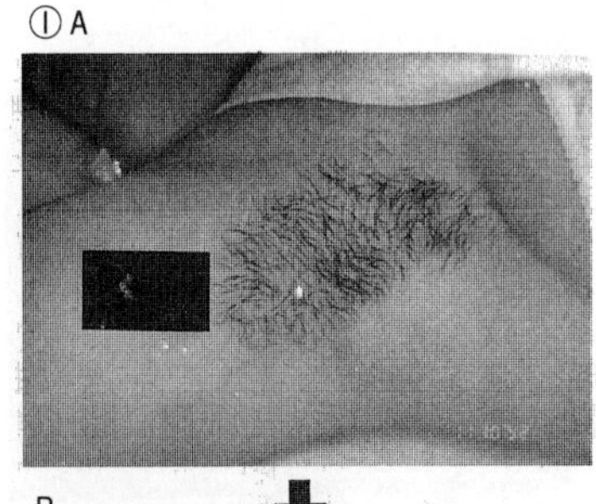

B

量相當多，但順利減少。
期間：2 年 9 個月
費用：272,280 日圓

育旺盛期，細毛也會變粗，所以即使是不醒目的細毛也必須仔細處理。在這種場合下，得使用配合粗細的二種針。脫毛在冰敷下進行，這是為了預防疼痛感，同時也防止脫毛後腫脹。容易感覺疼痛的人，可進行局部麻醉。普通一個月處理一次，但因游泳必須穿泳裝的人，每二週處理一次亦可。

從最初處理開始後二週，新進入成長期的毛會露出來，如此依據處理生長的毛。

例①A是毛量相當多的二十一歲女性，以每個月一次的程序進行脫毛處

③A

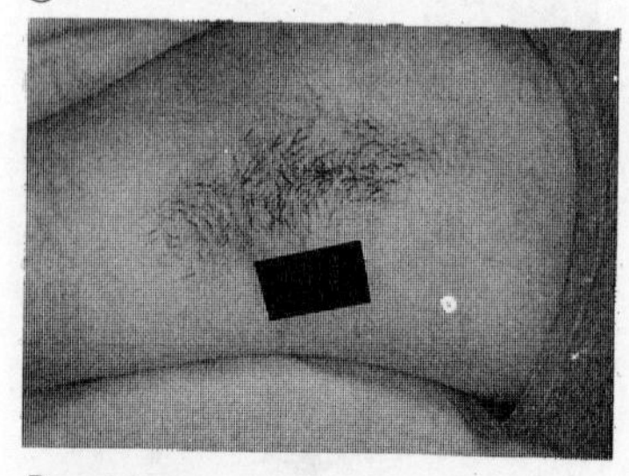

因自己處理使皮膚發生問題。
期間：1年6個月
費用：315,680日圓

B

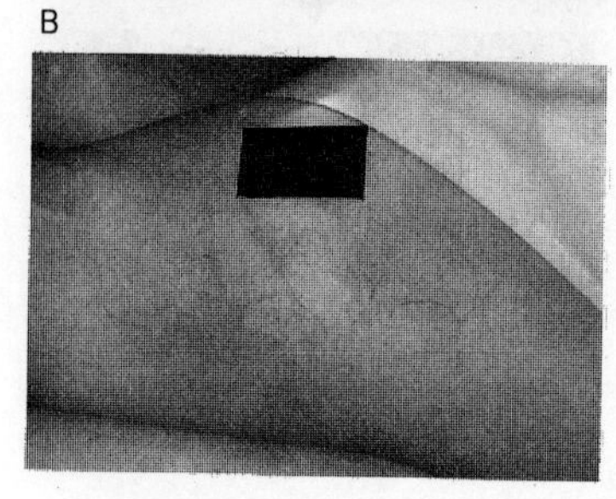

B

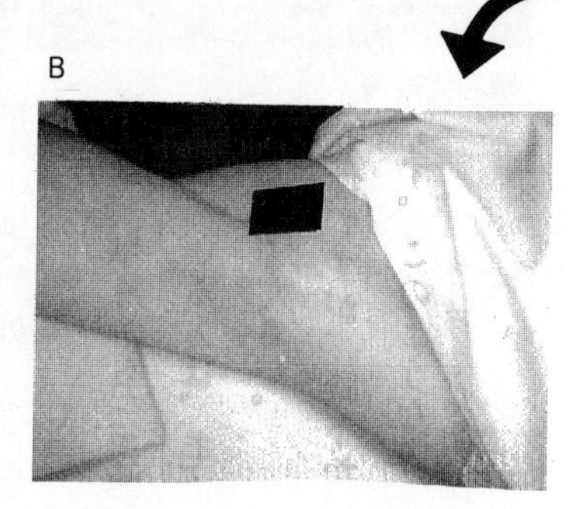

理。一開始一次處理一小時，拔掉五百一十～一千二百五十根毛，之後每次拔一百～三百根毛，最後二十～六十根毛，時間也減至一次十分鐘不到就結束。照片B是十四次結束時。粗毛幾乎不見，之後以處理新毛為中心。

這位患者在二十四次脫毛處理中，拔掉五千八百五十二根毛結束。

照片②A是毛量普通的三十一歲女性。第一次花一小時拔五百八十五根毛，第二次以後，每次拔取根數減少。B是第十一次處理完成後。從開始脫毛至處理完進入成長期的毛，殘留在皮膚中的毛包也不見了，恢復白皙美麗的肌膚。

③的毛量稍多（Ａ）。由於以往經常以剃刀剃毛，所以毛細孔為中心產生發紅之皮膚問題。為了不造成肌膚的負擔，一次處理時間較短，十四次終了的階段Ｂ，只剩新生的細毛。

足部永久脫毛（三例）

因自己毛多煩惱而來院求診的患者，以膝蓋以下足部粗毛最多。另外，在春天求診，希望夏天能擁有美麗雙足的人也不少。足部毛的特徵是，毛的生長方向有規則性，外側比內側粗毛多，為直毛。

在脫毛處理上比較容易，與腋毛比較起來，每次處理毛數多。而且由於粗毛醒目位於雙腳外側，所以能同時處理。

接受試驗性脫毛的人，必須半個月至三週不自行處理腳毛。另外，在脫色的情況下，毛細孔不容易看見，所以請一個月前就停止脫色。

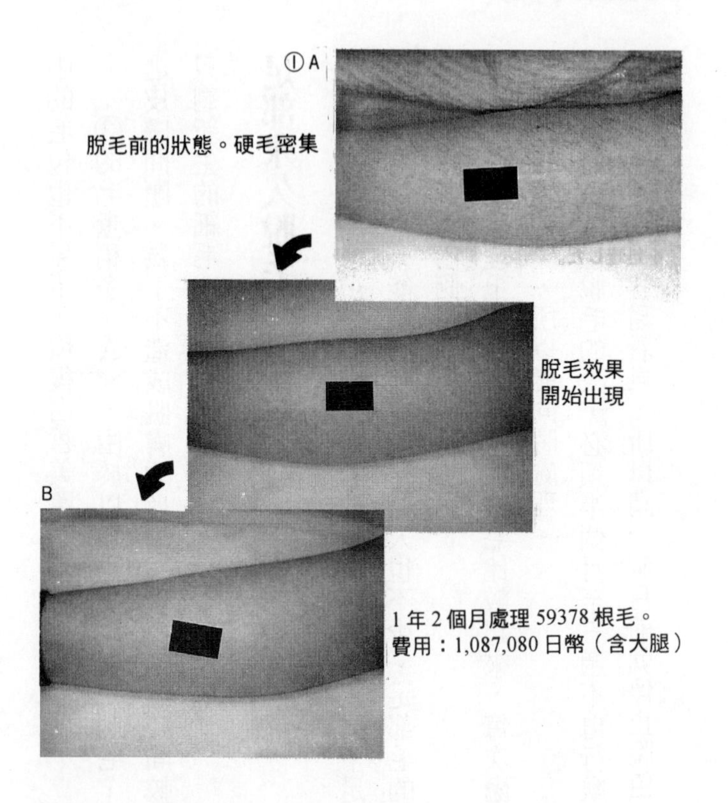

脫毛前的狀態。硬毛密集

脫毛效果開始出現

1年2個月處理59378根毛。
費用：1,087,080日幣（含大腿）

照片①是二十五歲的女性。從膝蓋以下至大腿，硬毛聚集（A），為多毛症。在這種狀況下，必須花費一段時間才能看到脫毛效果。這位患者在經過十次處理之後，硬毛才不那麼顯著。

當然用普通腳部粗毛的針，但第七次後變換稍微硬毛用的針，使效果更提高。B是第十一次結束後，已經不明顯了。

②A

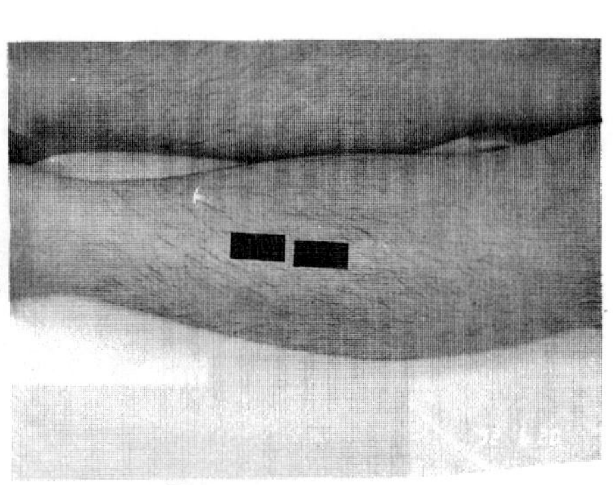

脫毛前狀態。
第1次花7小時15分鐘，左右合計處理5308根毛。

B

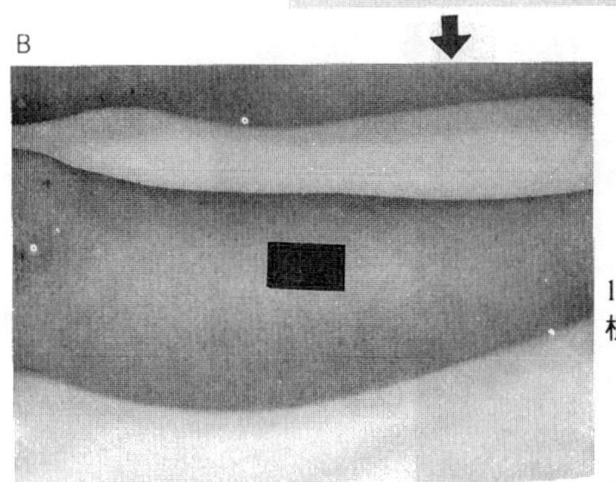

11個月後處理18243根毛。費用368600日幣

②的患者毛量不是那麼多，但因為自行剃毛使毛質變粗，為二十四歲女性硬毛例（A）。

使用蜂蠟自行處理的人，對疼痛比較有抵抗力，因此一次可進行時間較長。B是第十一次狀況，至此已拔掉一萬五千六百二十二根毛。

照片③是十六歲，與②一樣自己處理變成硬毛的例子（A）。一開始使

③A

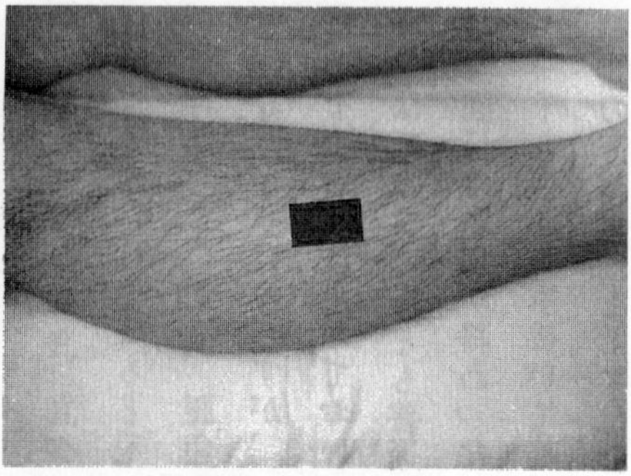

脫毛前狀態。
一開始使用粗針。

B

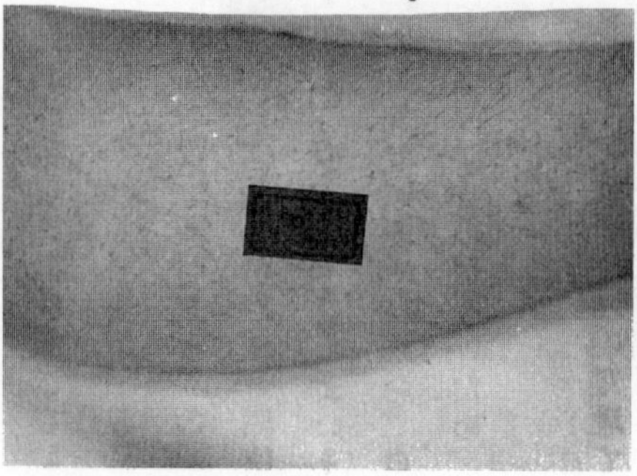

短期間內成效不錯（4次處理29567根毛）。費用606000日幣

用配合硬毛的針處理，減少不少毛（B）。

手部永久脫毛（二一例）

一到溫暖季節，穿上短袖衣服後首先注意到的，便是手部的毛。手毛的特徵是細、生長方向相同，因為使用特別細的針，所以疼痛減少，一次可脫毛數多。經過五、六次脫毛後，就幾乎不明顯

的高效率部位。由於毛細孔細，若再使用脫色處理，會使毛細穴更不容易看見，所以接受脫毛者，請在一個月前中止脫色。自己剃毛的人也不少，由於手毛生長較慢，所以請在一個月前就停止剃毛，讓手毛長長些。

①A 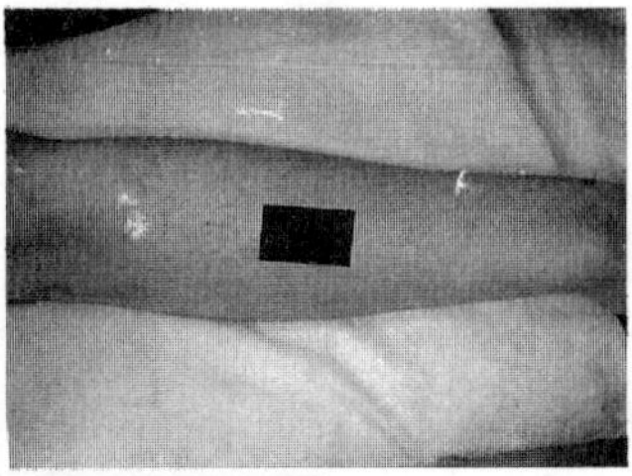
脫毛前狀態

B 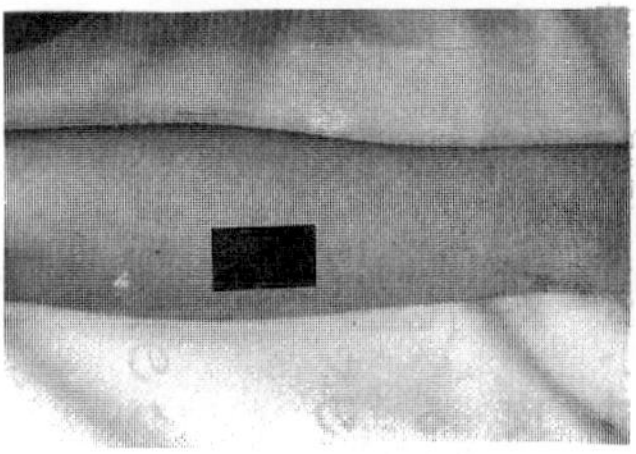
每次平均 3 小時 40 分，5 次完成。
費用：332,320 日圓

②A 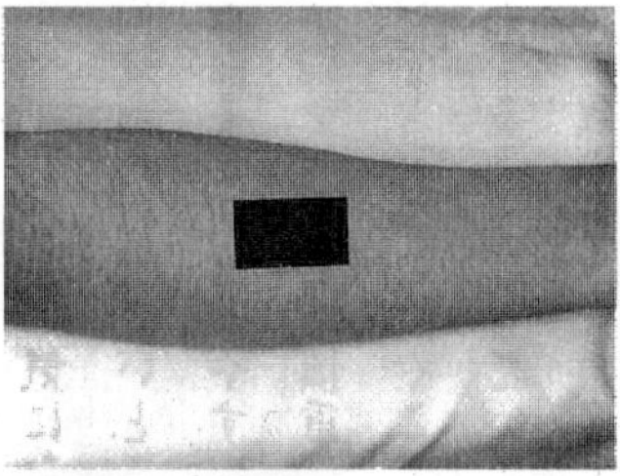
脫毛前狀態

B 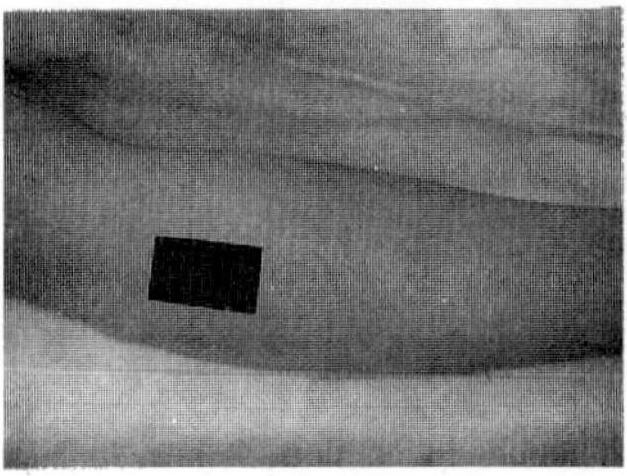
左右合計處理 28304 根毛。
費用：754,320 日圓

①是毛質、量均普通的患者（A）。一次約處理二千根脫毛。B是第三次處理結束後，幾乎已經不明顯了。五次共拔一萬一千九百九十根毛。

②的女性毛質比較粗（A）。採取間隔脫毛法，一次處理一千～二千根毛，十七次結束。照片B是第四次結束的樣子，明顯的毛幾乎處理完畢。之後以處理新成長期毛為中心。

臉部永久脫毛（一例）

不論男性或女性，臉部脫毛後的紅腫都很明顯，所以有點困難。

口部周圍的鬍鬚、下顎毛、頸毛、眉毛等，依部位不同，有些毛是貼著的，所以在技術上有其困難之處。例如太陽穴（鬢角）及眉部的毛，針熱容易傳至皮膚表面，引起受傷。我是以放大鏡或顯微鏡慎重處理脫毛，防止問題發生。然而精密至此，還是無法保證能完全預防，因此事前得有心理準備。

不論男女，下顎或臉部與生俱來都有數十萬根毛。這些毛進入青春期之後陸續

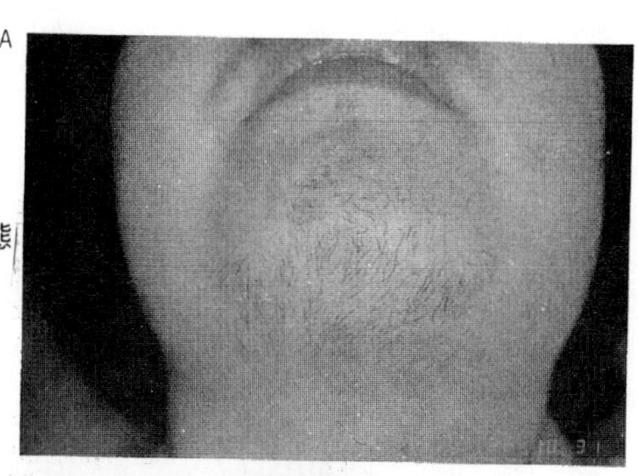

A

脫毛前狀態

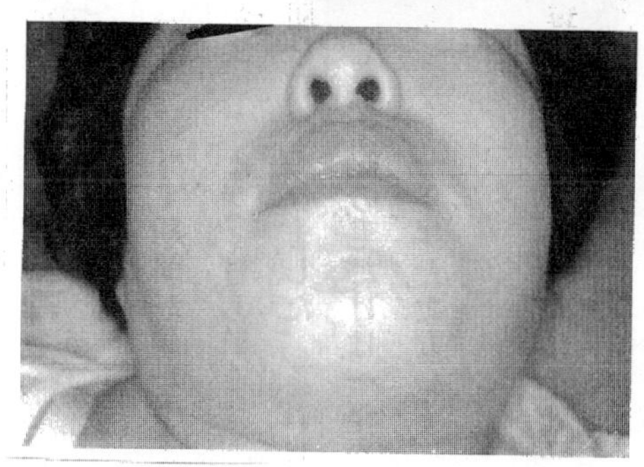

B

28次
花費 858,260 日幣

變粗硬，女性也有些硬毛化強，再怎麼拔還是會長出新粗毛的情形。

這位是十八歲的女性（A）。最初半年進行十次左右脫毛後，粗毛已經不明顯了。之後，每二個月一次，持續半年，再一年後，改為三～六個月一次。B是脫毛二十八次，從開始脫毛經過九年後的狀態。明顯的毛已經完全沒有了。

V區永久脫毛（一例）

V區脫毛比其他部位費時。理由有幾項，其中之一是休止期間長。至目前為止，許多醫生研究身體各部位毛的成長期、休止期。結果發現許多部位的休止期為三～四個月，位V區毛為一年至一年半。

換句話說，從脫毛處理開始後，非得經過一年～一年半，才可能處理完全部的毛。

另外，毛粗、長、貼，所以要正確破壞毛乳頭很難也是一個問題。再者，由於是性毛，容易變粗，所以也必須仔細處理。

照片是二十二歲的女性（A），一開始幾次處理粗毛，接著以處理新生毛為中心。B是脫毛十五次，費時二年後的狀態，已經沒有明顯的毛了。因為前述休止期已過，所以可以全部處理完畢。

V區的毛幾乎沒有了之後，出現代償性肥大，亦即附近大腿部分的毛會變粗一

A

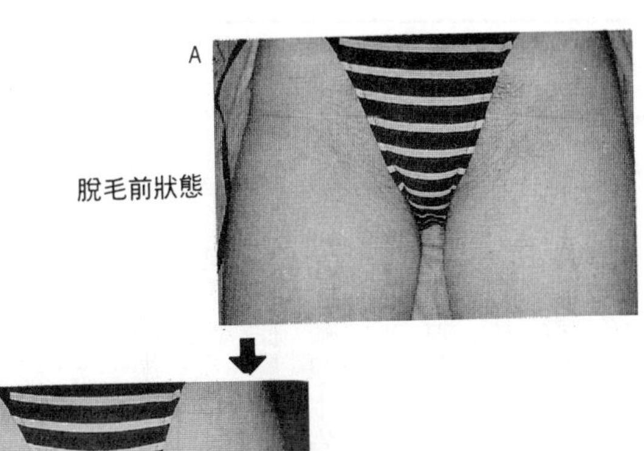

脫毛前狀態

B

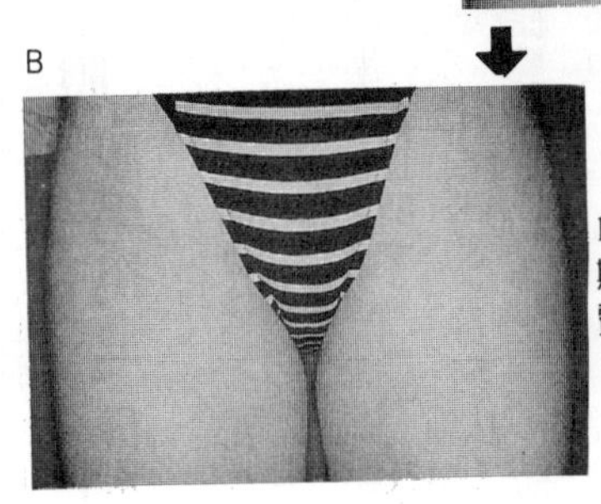

16 次結束。
期間：2 年 5 個月。
費用：218,920 日圓

點。我均在事前說明這種可能性，充分理解後才接受脫毛處理。

日本醫學脫毛協會、日本醫學脫毛學會

日本醫學脫毛協會於一九八七年一月，以小林俊男博士為中心，由東京三十位醫生組成。其目的在提高醫師、護士的脫毛術相關知識、技術，並讓一般大眾知道，全國醫院都可處理脫毛。

因為永久脫毛必須將針通電插入毛細孔，破壞毛生長的部分，所以必須由醫生執行，或在醫生監督下，由護士進行「間接醫療」。這一點已被厚生省健康政策局確認。

但當時對於脫毛，醫師本身的認識尚淺，實施手術的醫生還很少，結果脫毛成了美容業者的服務項目。但由於美容業者的技術、設備、費用均不健全，因而產生社會問題。解決此問題也是協會重要的社會責任。

由於絕緣針永久脫毛的普及、脫毛師認定制度的實施等協會主動發起的活動增加，會員也不斷增加，社會大眾對脫毛理解程度加深。現在全國已經有四十六家醫院成為日本醫學脫毛協會加盟醫院。

在提高社會大眾對於脫毛認識的同時，為了使永久脫毛法學問更深入，於是分為普及、推廣及學術、研究二部門。前者即「日本醫學脫毛協會」，後者為「日本醫學脫毛學會」，成立於一九九四年一月。

「學會」以學術活動為中心，脫毛師的認定也在此實施。以這麼嚴格的制度為基礎，確立社會的信賴與地位，使大眾均能安心進行脫毛。

日本医学脱毛協会
加盟病(医)院のご案内

＊診療日（脱毛できる曜日）、診療時間（脱毛できる時間）などは病（医）院によって異なります。また、脱毛料金も同じ都市内でも異なる場合があります。以上のことがらをご理解の上、病（医）院にご相談ください。

＊紹介された病（医）院で脱毛術を受けた後、ご質問、ご不満がございましたら、遠慮なく、脱毛術を受けた病（医）院、または協会までお問い合わせください。

＊協会加盟病（医）院は増加しています。お近くにない場合は、後日（半年ないし一年後）協会までお問い合わせください。

〈日本医学脱毛協会　事務局〉
〒四八三　愛知県江南市木賀町新開一六番地
TEL／〇五八七―五三―〇七八七　FAX／〇五八七―五三―二九六一

北海道

❖札幌スキンケアクリニック　【院長　松本　敏明】
〒〇六〇　北海道札幌市北区北九条西三丁目　高野ビル三F
TEL／〇一一―七二八―四一〇三　FAX／〇一一―七二八―一一〇三

北海道

❖札幌形成外科病院　【院長　有賀　昭俊】
〒〇六三　北海道札幌市西区二十四軒二条四丁目七番十七号
TEL／〇一一―六四一―七五一一　FAX／〇一一―六四三―三七一一

群馬県

❖タカハシ　クリニック　【院長　高橋　逸夫】
〒三七三　群馬県太田市飯田町五九三　キクヤスビル二F
TEL／〇二七六―四八―一四一六　FAX／〇二七六―四八―〇二二六

❖弓　皮ふ科医院　【院長　鈴木　弓】
〒三七〇　群馬県高崎市片岡町一―一三―二一
TEL／〇二七三―二二―二〇一三　FAX／〇二七三―二二―二〇一四

千葉県

❖ちば美容・形成外科クリニック　【院長　野田　宏子】
〒二六〇　千葉県千葉市中央区新町三―三　辰巳ビル三F
TEL／〇四三―二四七―五二三二　FAX／〇四三―二四一―七一一四

埼玉県

❖大宮スキンクリニック　【院長　石井　良典】
〒三三〇　埼玉県大宮市宮町四―四　シマムラビル四F・五F
TEL／〇四八―六四六―〇二三三　FAX／〇四八―六四八―八三一〇

❖日原皮フ科分院　【院長　日原みどり】
〒一六〇　東京都新宿区新宿三―三二―五　日原ビル六F　三越南館東側
TEL／〇三―三三五一―八四八九　FAX／〇三―五三七九―一二一四

❖医療法人社団誠真会　西山美容・形成外科医院　【院長　西山真一郎】
〒一七一　東京都豊島区南池袋一―二四―六　深野ビル三F
TEL／〇三―三九八九―一三一九　FAX／〇三―三九八九―一三一〇

❖渋谷ビューティクリニック（ヒフ科）【院長　福島　章浩】
〒一五〇　東京都渋谷区宇田川町二九―八　中村ビル三F
TEL／〇三―三四六三―〇五六六　FAX／〇三―三四六三―四六〇一

❖メグミクリニック　【院長　恵　義和】
〒一五〇　東京都渋谷区渋谷一―二四―二　朱ビル四F
TEL／〇三―三四〇九―三四七一　FAX／〇三―三四〇九―六一八三

❖渋谷美容形成クリニック　【院長　武田　仁】
〒一五〇　東京都渋谷区渋谷二―二二―一〇　タキザワビル七F
TEL／〇三―三七九七―三九五五　FAX／〇三―三四〇九―九九五五

東京都

❖ 医療法人社団整盛会 烏山診療所（内科・皮フ科）【院長　神山　五郎】
〒一五七　東京都世田谷区南烏山六―七―一九
TEL／〇三―五三八四―五五五五　FAX／〇三―五三八四―五五五六

❖ 川口クリニック（ヒフ科）【院長　川口　英昭】
〒一一六　東京都荒川区東日暮里五―五二―二　神谷ビル五F
TEL／〇三―五八一一―七五五五　FAX／〇三―五八一一―七五六三

❖ エザキ・クリニック【院長　江崎　哲雄】
〒一〇三　東京都中央区八重洲一―七―一〇　今井ビル二F
TEL／〇三―三二七一―八八七四　FAX／〇三―三二七一―八〇四三

❖ セブンベルクリニック【院長　渡部　純至】
〒一〇五　東京都港区東新橋一―一―一八　渡部ビル九F
TEL／〇三―三五七二―三七一九　FAX／〇三―三二八九―二五七七

❖ ひばりが丘北口皮膚科【院長　桑原　京介】
〒二〇二　保谷市ひばりが丘北三―三―一四　第二並木ビル三F
TEL／〇四二四―二三―一二三二　FAX／〇四二四―二三―三四〇〇

神奈川県

❖横浜ベイクリニック　【院長　石川　修一】
〒二二一　神奈川県横浜市神奈川区三ツ沢上町二一一八　ジ・アバンス二〇一
TEL／〇四五―三二〇―二四九一　FAX／〇四五―三二〇―一三一九

❖スズキクリニック　【院長　鈴木　規夫】
〒二三一　神奈川県横浜市中区蓬来町一―二―八　勝幸ビル四F
TEL／〇四五―二五二―九四五五　FAX／〇四五―二五二―九四五四

石川県

❖暇形成外科医院　【院長　暇　稀吉】
〒九二〇―〇三　石川県金沢市藤江南一―一四八
TEL／〇七六二―二三―一四四一　FAX／〇七六二―二二―七二五一

山梨県

❖甲府クリニック　【院長　有馬　美則】
〒四〇〇　山梨県甲府市北口一―二―一四　甲府北口プラザビル一〇七
TEL／〇五五二―五四―三〇五六　FAX／〇五五二―五四―三〇五七

静岡県

❖浜松ヒフ外科クリニック　【院長　小林　敏男】
〒四三〇　静岡県浜松市旭町一一―一　プレスタワー一二F
TEL／〇五三―四五四―七五七五　FAX／〇五三―四五五―二二七一

静岡県

❖きとう皮フ科　【院長　鬼頭　芳子】
〒四三二　静岡県浜松市富塚町一九三三―一　さなる湖パークタウンサウス内
TEL／〇五三―四七五―六〇五四　FAX／〇五三―四七五―六〇五四

愛知県

❖フクタ皮フ科　【院長　福田　金壽】
〒四八三　愛知県江南市布袋町東二五三
TEL／〇五八七―五六―一八八八　FAX／〇五八七―五六―一二〇三

❖ごきそ皮フ科クリニック　【院長　蒲澤　ゆき】
〒四六六　愛知県名古屋市昭和区阿由知通り四―七
TEL／〇五二―八五二―八七二五　FAX／〇五二―八五三―四七五八

❖加藤外科病院　【院長　加藤　佳美】
〒四六四　愛知県名古屋市千種区末盛通二―一五
TEL／〇五二―七五一―一五九九　FAX／〇五二―七五一―一五九九

❖マリ皮フ科クリニック　【院長　鈴木　真理】
〒四六四　愛知県名古屋市千種区今池三丁目一六―二四
TEL／〇五二―七三五―〇五一二　FAX／〇五二―七三五―〇五一一

愛知県

❖知立南皮フ科　【院長　溝上　和子】
〒四七二　愛知県知立市長田三丁目七―七
TEL/〇五六六―八一―〇七三二　FAX/〇五六六―八三―六六〇八

❖刈谷整形外科・皮膚科病院　【院長　重盛　忠誠】
〒四四八　愛知県刈谷市相生町三―六
TEL/〇五六六―二八―〇二二〇　FAX/〇五六六―二五―八〇七七

岐阜県

❖奥村皮フ科　【院長　奥村　哲】
〒五〇九―〇二　岐阜県可児市今渡一六五三―一
TEL/〇五七四―六一―一四四〇　FAX/〇五七四―六三―五三〇〇

三重県

❖皮フ科サンクリニック　【院長　村田　實】
〒五一〇　三重県四日市市九の城町四―一六　メゾン鹿一F
TEL/〇五九三―五五―三〇三〇　FAX/〇五九三―五五―四七〇〇

❖水谷皮フ科クリニック　【院長　水谷　智子】
〒五一四　三重県津市新町三丁目六―二三
TEL/〇五九二―二三―四六四五　FAX/〇五九二―二七―九〇二五

三重県

❖山本皮フ科

【院長　山本須賀子】

〒五一四　三重県津市南中央五―一一

TEL／〇五九二―二八―九八五六　FAX／〇五九二―二七―七一二〇

奈良県

❖くにしげクリニック

【院長　國重　義文】

〒六三〇　奈良県奈良市二条大路南一―二―一一　第二松岡ビル

TEL／〇七四二―三四―九六二六　FAX／〇七四二―三五―六七七六

京都府

❖城北病院

【形成外科　鈴木　晴恵】

〒六〇三　京都市北区上賀茂岩ヶ垣内町九九

TEL／〇七五―七二一―一六一二　FAX／〇七五―七〇一―七三九九

❖皮膚科　岡田佳子クリニック

【院長　岡田　佳子】

〒六〇〇　京都市下京区新町通四条下ル四条町三四六　丸岸ビル二F

TEL／〇七五―三六五―三三三七　FAX／〇七五―三六五―三三三八

大阪府

❖きぬがさクリニック

【院長　衣笠　哲雄】

〒五四二　大阪市中央区西心斎橋二―六―二一　大黒橋クリニックビル二・三・四・五F

TEL／〇六―二一二―三〇〇〇　FAX／〇六―二一二―三〇〇一

大阪府

❖河合皮膚科医院
〒五四二　大阪市中央区難波四—二—五　オギノビル
TEL／〇六—六四三—四〇五四　FAX／〇六—六四三—一三七二
【院長　河合　公子】

❖大阪白壁美容外科
〒五三〇　大阪市北区芝田一—一四—七　白壁ビル五F
TEL／〇六—三七二—一六一　FAX／〇六—三七二—六五八五
【院長　白壁　武博】

❖東京整形浜口クリニック
〒五三〇　大阪市北区芝田一—一—二七　サセ梅田ビル　六・七・八階
TEL／〇六—三七一—二一三六　FAX／〇六—三七一—六一一七
【院長　浜口　雅光】

❖ひがしクリニック
〒五四三　大阪市天王寺区味原町一三—九　下味原ビル五階
TEL／〇六—七六七—一〇〇一　FAX／〇六—七六七—九五〇〇
【院長　東　久志夫】

兵庫県

❖杉本美容形成外科
〒六五一　兵庫県神戸市中央区琴諸町五—四—一〇
TEL／〇七八—二五一—一一四一　FAX／〇七八—二四一—二三四一
【院長　杉本　孝郎】

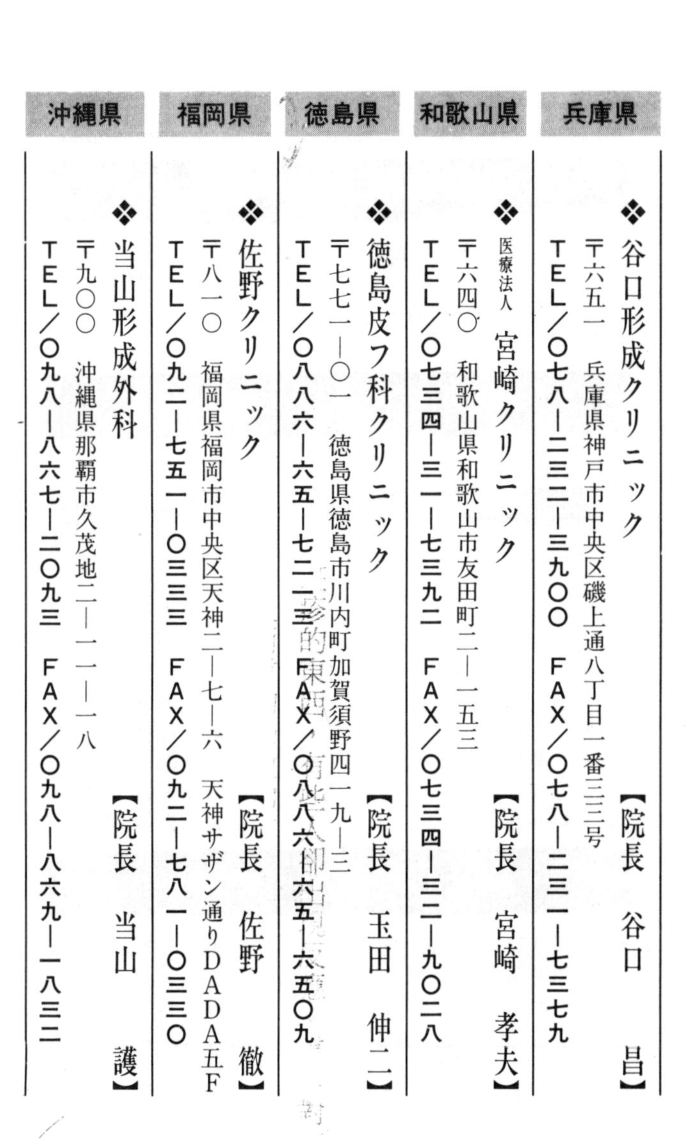

兵庫県

❖谷口形成クリニック

〒六五一 兵庫県神戸市中央区磯上通八丁目一番三三号

TEL/〇七八―二三二―三九〇〇 FAX/〇七八―二三一―七三七九

【院長 谷口 昌】

和歌山県

❖医療法人 宮崎クリニック

〒六四〇 和歌山県和歌山市友田町二―一五三

TEL/〇七三四―三一―七三九二 FAX/〇七三四―三二―九〇二八

【院長 宮崎 孝夫】

徳島県

❖徳島皮フ科クリニック

〒七七一―〇一 徳島県徳島市川内町加賀須野四一九―三

TEL/〇八八六―六五―七二一三 FAX/〇八八六―六五―六五〇九

【院長 玉田 伸二】

福岡県

❖佐野クリニック

〒八一〇 福岡県福岡市中央区天神二―七―六 天神サザン通りDADA五F

TEL/〇九二―七五一―〇三三三 FAX/〇九二―七八一―〇三三〇

【院長 佐野 徹】

沖縄県

❖当山形成外科

〒九〇〇 沖縄県那覇市久茂地二―一一―一八

TEL/〇九八―八六七―二〇九三 FAX/〇九八―八六九―一八三二

【院長 当山 護】

11.	性格測驗⑪ 敲開內心玄機	淺野八郎著	140 元
12.	性格測驗⑫ 透視你的未來	淺野八郎著	160 元
13.	血型與你的一生	淺野八郎著	160 元
14.	趣味推理遊戲	淺野八郎著	160 元
15.	行為語言解析	淺野八郎著	160 元

・婦 幼 天 地・電腦編號 16

1.	八萬人減肥成果	黃靜香譯	180 元
2.	三分鐘減肥體操	楊鴻儒譯	150 元
3.	窈窕淑女美髮秘訣	柯素娥譯	130 元
4.	使妳更迷人	成　玉譯	130 元
5.	女性的更年期	官舒妍編譯	160 元
6.	胎內育兒法	李玉瓊編譯	150 元
7.	早產兒袋鼠式護理	唐岱蘭譯	200 元
8.	初次懷孕與生產	婦幼天地編譯組	180 元
9.	初次育兒 12 個月	婦幼天地編譯組	180 元
10.	斷乳食與幼兒食	婦幼天地編譯組	180 元
11.	培養幼兒能力與性向	婦幼天地編譯組	180 元
12.	培養幼兒創造力的玩具與遊戲	婦幼天地編譯組	180 元
13.	幼兒的症狀與疾病	婦幼天地編譯組	180 元
14.	腿部苗條健美法	婦幼天地編譯組	180 元
15.	女性腰痛別忽視	婦幼天地編譯組	150 元
16.	舒展身心體操術	李玉瓊編譯	130 元
17.	三分鐘臉部體操	趙薇妮著	160 元
18.	生動的笑容表情術	趙薇妮著	160 元
19.	心曠神怡減肥法	川津祐介著	130 元
20.	內衣使妳更美麗	陳玄茹譯	130 元
21.	瑜伽美姿美容	黃靜香編著	180 元
22.	高雅女性裝扮學	陳珮玲譯	180 元
23.	蠶糞肌膚美顏法	坂梨秀子著	160 元
24.	認識妳的身體	李玉瓊譯	160 元
25.	產後恢復苗條體態	居理安・芙萊喬著	200 元
26.	正確護髮美容法	山崎伊久江著	180 元
27.	安琪拉美姿養生學	安琪拉蘭斯博瑞著	180 元
28.	女體性醫學剖析	增田豐著	220 元
29.	懷孕與生產剖析	岡部綾子著	180 元
30.	斷奶後的健康育兒	東城百合子著	220 元
31.	引出孩子幹勁的責罵藝術	多湖輝著	170 元
32.	培養孩子獨立的藝術	多湖輝著	170 元
33.	子宮肌瘤與卵巢囊腫	陳秀琳編著	180 元
34.	下半身減肥法	納他夏・史達賓著	180 元
35.	女性自然美容法	吳雅菁編著	180 元
36.	再也不發胖	池園悅太郎著	170 元

37. 生男生女控制術 中垣勝裕著 220元
38. 使妳的肌膚更亮麗 楊 皓編著 170元
39. 臉部輪廓變美 芝崎義夫著 180元
40. 斑點、皺紋自己治療 高須克彌著 180元
41. 面皰自己治療 伊藤雄康著 180元
42. 隨心所欲瘦身冥想法 原久子著 180元
43. 胎兒革命 鈴木丈織著 180元
44. NS磁氣平衡法塑造窈窕奇蹟 古屋和江著 180元
45. 享瘦從腳開始 山田陽子著 180元
46. 小改變瘦4公斤 宮本裕子著 180元
47. 軟管減肥瘦身 高橋輝男著 180元
48. 海藻精神秘美容法 劉名揚編著 180元
49. 肌膚保養與脫毛 鈴木真理著 180元
50. 10天減肥3公斤 彤雲編輯組 180元

・青春天地・電腦編號17

1. A血型與星座 柯素娥編譯 160元
2. B血型與星座 柯素娥編譯 160元
3. O血型與星座 柯素娥編譯 160元
4. AB血型與星座 柯素娥編譯 120元
5. 青春期性教室 呂貴嵐編譯 130元
6. 事半功倍讀書法 王毅希編譯 150元
7. 難解數學破題 宋釗宜編譯 130元
8. 速算解題技巧 宋釗宜編譯 130元
9. 小論文寫作秘訣 林顯茂編譯 120元
11. 中學生野外遊戲 熊谷康編著 120元
12. 恐怖極短篇 柯素娥編譯 130元
13. 恐怖夜話 小毛驢編譯 130元
14. 恐怖幽默短篇 小毛驢編譯 120元
15. 黑色幽默短篇 小毛驢編譯 120元
16. 靈異怪談 小毛驢編譯 130元
17. 錯覺遊戲 小毛驢編著 130元
18. 整人遊戲 小毛驢編著 150元
19. 有趣的超常識 柯素娥編譯 130元
20. 哦！原來如此 林慶旺編譯 130元
21. 趣味競賽100種 劉名揚編譯 120元
22. 數學謎題入門 宋釗宜編譯 150元
23. 數學謎題解析 宋釗宜編譯 150元
24. 透視男女心理 林慶旺編譯 120元
25. 少女情懷的自白 李桂蘭編譯 120元
26. 由兄弟姊妹看命運 李玉瓊編譯 130元
27. 趣味的科學魔術 林慶旺編譯 150元

28. 趣味的心理實驗室	李燕玲編譯	150元
29. 愛與性心理測驗	小毛驢編譯	130元
30. 刑案推理解謎	小毛驢編譯	130元
31. 偵探常識推理	小毛驢編譯	130元
32. 偵探常識解謎	小毛驢編譯	130元
33. 偵探推理遊戲	小毛驢編譯	130元
34. 趣味的超魔術	廖玉山編著	150元
35. 趣味的珍奇發明	柯素娥編著	150元
36. 登山用具與技巧	陳瑞菊編著	150元

・健康天地・電腦編號 18

1. 壓力的預防與治療	柯素娥編譯	130元
2. 超科學氣的魔力	柯素娥編譯	130元
3. 尿療法治病的神奇	中尾良一著	130元
4. 鐵證如山的尿療法奇蹟	廖玉山譯	120元
5. 一日斷食健康法	葉慈容編譯	150元
6. 胃部強健法	陳炳崑譯	120元
7. 癌症早期檢查法	廖松濤譯	160元
8. 老人痴呆症防止法	柯素娥編譯	130元
9. 松葉汁健康飲料	陳麗芬編譯	130元
10. 揉肚臍健康法	永井秋夫著	150元
11. 過勞死、猝死的預防	卓秀貞編譯	130元
12. 高血壓治療與飲食	藤山順豐著	150元
13. 老人看護指南	柯素娥編譯	150元
14. 美容外科淺談	楊啟宏著	150元
15. 美容外科新境界	楊啟宏著	150元
16. 鹽是天然的醫生	西英司郎著	140元
17. 年輕十歲不是夢	梁瑞麟譯	200元
18. 茶料理治百病	桑野和民著	180元
19. 綠茶治病寶典	桑野和民著	150元
20. 杜仲茶養顏減肥法	西田博著	150元
21. 蜂膠驚人療效	瀨長良三郎著	180元
22. 蜂膠治百病	瀨長良三郎著	180元
23. 醫藥與生活㈠	鄭炳全著	180元
24. 鈣長生寶典	落合敏著	180元
25. 大蒜長生寶典	木下繁太郎著	160元
26. 居家自我健康檢查	石川恭三著	160元
27. 永恆的健康人生	李秀鈴譯	200元
28. 大豆卵磷脂長生寶典	劉雪卿譯	150元
29. 芳香療法	梁艾琳譯	160元
30. 醋長生寶典	柯素娥譯	180元
31. 從星座透視健康	席拉・吉蒂斯著	180元
32. 愉悅自在保健學	野本二士夫著	160元

33. 裸睡健康法　丸山淳士等著　160元
34. 糖尿病預防與治療　藤田順豐著　180元
35. 維他命長生寶典　菅原明子著　180元
36. 維他命C新效果　鐘文訓編　150元
37. 手、腳病理按摩　堤芳朗著　160元
38. AIDS瞭解與預防　彼得塔歇爾著　180元
39. 甲殼質殼聚糖健康法　沈永嘉譯　160元
40. 神經痛預防與治療　木下真男著　160元
41. 室內身體鍛鍊法　陳炳崑編著　160元
42. 吃出健康藥膳　劉大器編著　180元
43. 自我指壓術　蘇燕謀編著　160元
44. 紅蘿蔔汁斷食療法　李玉瓊編著　150元
45. 洗心術健康秘法　竺翠萍編譯　170元
46. 枇杷葉健康療法　柯素娥編譯　180元
47. 抗衰血癒　楊啟宏著　180元
48. 與癌搏鬥記　逸見政孝著　180元
49. 冬蟲夏草長生寶典　高橋義博著　170元
50. 痔瘡・大腸疾病先端療法　宮島伸宜著　180元
51. 膠布治癒頑固慢性病　加瀨建造著　180元
52. 芝麻神奇健康法　小林貞作著　170元
53. 香煙能防止癡呆？　高田明和著　180元
54. 穀菜食治癌療法　佐藤成志著　180元
55. 貼藥健康法　松原英多著　180元
56. 克服癌症調和道呼吸法　帶津良一著　180元
57. B型肝炎預防與治療　野村喜重郎著　180元
58. 青春永駐養生導引術　早島正雄著　180元
59. 改變呼吸法創造健康　原久子著　180元
60. 荷爾蒙平衡養生秘訣　出村博著　180元
61. 水美肌健康法　井戶勝富著　170元
62. 認識食物掌握健康　廖梅珠編著　170元
63. 痛風劇痛消除法　鈴木吉彥著　180元
64. 酸莖菌驚人療效　上田明彥著　180元
65. 大豆卵磷脂治現代病　神津健一著　200元
66. 時辰療法—危險時刻凌晨4時　呂建強等著　180元
67. 自然治癒力提升法　帶津良一著　180元
68. 巧妙的氣保健法　藤平墨子著　180元
69. 治癒C型肝炎　熊田博光著　180元
70. 肝臟病預防與治療　劉名揚編著　180元
71. 腰痛平衡療法　荒井政信著　180元
72. 根治多汗症、狐臭　稻葉益巳著　220元
73. 40歲以後的骨質疏鬆症　沈永嘉譯　180元
74. 認識中藥　松下一成著　180元
75. 認識氣的科學　佐佐木茂美著　180元
76. 我戰勝了癌症　安田伸著　180元

77. 斑點是身心的危險信號	中野進著	180 元
78. 艾波拉病毒大震撼	玉川重德著	180 元
79. 重新還我黑髮	桑名隆一郎著	180 元
80. 身體節律與健康	林博史著	180 元
81. 生薑治萬病	石原結實著	180 元
82. 靈芝治百病	陳瑞東著	180 元
83. 木炭驚人的威力	大槻彰著	200 元
84. 認識活性氧	井土貴司著	180 元
85. 深海鮫治百病	廖玉山編著	180 元
86. 神奇的蜂王乳	井上丹治著	180 元
87. 卡拉 OK 健腦法	東潔著	180 元
88. 卡拉 OK 健康法	福田伴男著	180 元
89. 醫藥與生活㈡	鄭炳全著	200 元
90. 洋蔥治百病	宮尾興平著	180 元

・實用女性學講座・電腦編號 19

1. 解讀女性內心世界	島田一男著	150 元
2. 塑造成熟的女性	島田一男著	150 元
3. 女性整體裝扮學	黃靜香編著	180 元
4. 女性應對禮儀	黃靜香編著	180 元
5. 女性婚前必修	小野十傳著	200 元
6. 徹底瞭解女人	田口二州著	180 元
7. 拆穿女性謊言 88 招	島田一男著	200 元
8. 解讀女人心	島田一男著	200 元
9. 俘獲女性絕招	志賀貢著	200 元
10. 愛情的壓力解套	中村理英子著	200 元

・校園系列・電腦編號 20

1. 讀書集中術	多湖輝著	150 元
2. 應考的訣竅	多湖輝著	150 元
3. 輕鬆讀書贏得聯考	多湖輝著	150 元
4. 讀書記憶秘訣	多湖輝著	150 元
5. 視力恢復！超速讀術	江錦雲譯	180 元
6. 讀書 36 計	黃柏松編著	180 元
7. 驚人的速讀術	鐘文訓編著	170 元
8. 學生課業輔導良方	多湖輝著	180 元
9. 超速讀超記憶法	廖松濤編著	180 元
10. 速算解題技巧	宋釗宜編著	200 元
11. 看圖學英文	陳炳崑編著	200 元
12. 讓孩子最喜歡數學	沈永嘉譯	180 元

・實用心理學講座・電腦編號 21

1. 拆穿欺騙伎倆 多湖輝著 140元
2. 創造好構想 多湖輝著 140元
3. 面對面心理術 多湖輝著 160元
4. 偽裝心理術 多湖輝著 140元
5. 透視人性弱點 多湖輝著 140元
6. 自我表現術 多湖輝著 180元
7. 不可思議的人性心理 多湖輝著 180元
8. 催眠術入門 多湖輝著 150元
9. 責罵部屬的藝術 多湖輝著 150元
10. 精神力 多湖輝著 150元
11. 厚黑說服術 多湖輝著 150元
12. 集中力 多湖輝著 150元
13. 構想力 多湖輝著 150元
14. 深層心理術 多湖輝著 160元
15. 深層語言術 多湖輝著 160元
16. 深層說服術 多湖輝著 180元
17. 掌握潛在心理 多湖輝著 160元
18. 洞悉心理陷阱 多湖輝著 180元
19. 解讀金錢心理 多湖輝著 180元
20. 拆穿語言圈套 多湖輝著 180元
21. 語言的內心玄機 多湖輝著 180元
22. 積極力 多湖輝著 180元

・超現實心理講座・電腦編號 22

1. 超意識覺醒法 詹蔚芬編譯 130元
2. 護摩秘法與人生 劉名揚編譯 130元
3. 秘法！超級仙術入門 陸明譯 150元
4. 給地球人的訊息 柯素娥編著 150元
5. 密教的神通力 劉名揚編著 130元
6. 神秘奇妙的世界 平川陽一著 180元
7. 地球文明的超革命 吳秋嬌譯 200元
8. 力量石的秘密 吳秋嬌譯 180元
9. 超能力的靈異世界 馬小莉譯 200元
10. 逃離地球毀滅的命運 吳秋嬌譯 200元
11. 宇宙與地球終結之謎 南山宏著 200元
12. 驚世奇功揭秘 傅起鳳著 200元
13. 啟發身心潛力心象訓練法 栗田昌裕著 180元
14. 仙道術遁甲法 高藤聰一郎著 220元
15. 神通力的秘密 中岡俊哉著 180元
16. 仙人成仙術 高藤聰一郎著 200元

17. 仙道符咒氣功法	高藤聰一郎著	220 元
18. 仙道風水術尋龍法	高藤聰一郎著	200 元
19. 仙道奇蹟超幻像	高藤聰一郎著	200 元
20. 仙道鍊金術房中法	高藤聰一郎著	200 元
21. 奇蹟超醫療治癒難病	深野一幸著	220 元
22. 揭開月球的神秘力量	超科學研究會	180 元
23. 西藏密教奧義	高藤聰一郎著	250 元
24. 改變你的夢術入門	高藤聰一郎著	250 元

・養 生 保 健・電腦編號 23

1. 醫療養生氣功	黃孝寬著	250 元
2. 中國氣功圖譜	余功保著	230 元
3. 少林醫療氣功精粹	井玉蘭著	250 元
4. 龍形實用氣功	吳大才等著	220 元
5. 魚戲增視強身氣功	宮　嬰著	220 元
6. 嚴新氣功	前新培金著	250 元
7. 道家玄牝氣功	張　章著	200 元
8. 仙家秘傳袪病功	李遠國著	160 元
9. 少林十大健身功	秦慶豐著	180 元
10. 中國自控氣功	張明武著	250 元
11. 醫療防癌氣功	黃孝寬著	250 元
12. 醫療強身氣功	黃孝寬著	250 元
13. 醫療點穴氣功	黃孝寬著	250 元
14. 中國八卦如意功	趙維漢著	180 元
15. 正宗馬禮堂養氣功	馬禮堂著	420 元
16. 秘傳道家筋經內丹功	王慶餘著	280 元
17. 三元開慧功	辛桂林著	250 元
18. 防癌治癌新氣功	郭　林著	180 元
19. 禪定與佛家氣功修煉	劉天君著	200 元
20. 顛倒之術	梅自強著	360 元
21. 簡明氣功辭典	吳家駿編	360 元
22. 八卦三合功	張全亮著	230 元
23. 朱砂掌健身養生功	楊永著	250 元
24. 抗老功	陳九鶴著	230 元
25. 意氣按穴排濁自療法	黃啟運編著	250 元

・社會人智囊・電腦編號 24

1. 糾紛談判術	清水增三著	160 元
2. 創造關鍵術	淺野八郎著	150 元
3. 觀人術	淺野八郎著	180 元
4. 應急詭辯術	廖英迪編著	160 元

5. 天才家學習術　木原武一著　160元
6. 貓型狗式鑑人術　淺野八郎著　180元
7. 逆轉運掌握術　淺野八郎著　180元
8. 人際圓融術　澀谷昌三著　160元
9. 解讀人心術　淺野八郎著　180元
10. 與上司水乳交融術　秋元隆司著　180元
11. 男女心態定律　小田晉著　180元
12. 幽默說話術　林振輝編著　200元
13. 人能信賴幾分　淺野八郎著　180元
14. 我一定能成功　李玉瓊譯　180元
15. 獻給青年的嘉言　陳蒼杰譯　180元
16. 知人、知面、知其心　林振輝編著　180元
17. 塑造堅強的個性　坂上肇著　180元
18. 為自己而活　佐藤綾子著　180元
19. 未來十年與愉快生活有約　船井幸雄著　180元
20. 超級銷售話術　杜秀卿譯　180元
21. 感性培育術　黃靜香編著　180元
22. 公司新鮮人的禮儀規範　蔡媛惠譯　180元
23. 傑出職員鍛鍊術　佐佐木正著　180元
24. 面談獲勝戰略　李芳黛譯　180元
25. 金玉良言撼人心　森純大著　180元
26. 男女幽默趣典　劉華亭編著　180元
27. 機智說話術　劉華亭編著　180元
28. 心理諮商室　柯素娥譯　180元
29. 如何在公司崢嶸頭角　佐佐木正著　180元
30. 機智應對術　李玉瓊編著　200元
31. 克服低潮良方　坂野雄二著　180元
32. 智慧型說話技巧　沈永嘉編著　180元
33. 記憶力、集中力增進術　廖松濤編著　180元
34. 女職員培育術　林慶旺編著　180元
35. 自我介紹與社交禮儀　柯素娥編著　180元
36. 積極生活創幸福　田中真澄著　180元
37. 妙點子超構想　多湖輝著　180元
38. 說NO的技巧　廖玉山編著　180元
39. 一流說服力　李玉瓊編著　180元
40. 般若心經成功哲學　陳鴻蘭編著　180元
41. 訪問推銷術　黃靜香編著　180元
42. 男性成功秘訣　陳蒼杰編著　180元

・精選系列・電腦編號25

1. 毛澤東與鄧小平　渡邊利夫等著　280元
2. 中國大崩裂　江戶介雄著　180元
3. 台灣・亞洲奇蹟　上村幸治著　220元

4. 7-ELEVEN 高盈收策略 國友隆一著 180元
5. 台灣獨立（新・中國日本戰爭一） 森詠著 200元
6. 迷失中國的末路 江戶雄介著 220元
7. 2000年5月全世界毀滅 紫藤甲子男著 180元
8. 失去鄧小平的中國 小島朋之著 220元
9. 世界史爭議性異人傳 桐生操著 200元
10. 淨化心靈享人生 松濤弘道著 220元
11. 人生心情診斷 賴藤和寬著 220元
12. 中美大決戰 檜山良昭著 220元
13. 黃昏帝國美國 莊雯琳譯 220元
14. 兩岸衝突（新・中國日本戰爭二） 森詠著 220元
15. 封鎖台灣（新・中國日本戰爭三） 森詠著 220元
16. 中國分裂（新・中國日本戰爭四） 森詠著 220元
17. 由女變男的我 虎井正衛著 200元
18. 佛學的安心立命 松濤弘道著 220元

・運動遊戲・電腦編號 26

1. 雙人運動 李玉瓊譯 160元
2. 愉快的跳繩運動 廖玉山譯 180元
3. 運動會項目精選 王佑京譯 150元
4. 肋木運動 廖玉山譯 150元
5. 測力運動 王佑宗譯 150元
6. 游泳入門 唐桂萍編著 200元

・休閒娛樂・電腦編號 27

1. 海水魚飼養法 田中智浩著 300元
2. 金魚飼養法 曾雪玫譯 250元
3. 熱門海水魚 毛利匡明著 480元
4. 愛犬的教養與訓練 池田好雄著 250元
5. 狗教養與疾病 杉浦哲著 220元
6. 小動物養育技巧 三上昇著 300元
20. 園藝植物管理 船越亮二著 200元

・銀髮族智慧學・電腦編號 28

1. 銀髮六十樂逍遙 多湖輝著 170元
2. 人生六十反年輕 多湖輝著 170元
3. 六十歲的決斷 多湖輝著 170元
4. 銀髮族健身指南 孫瑞台編著 250元

・飲 食 保 健・電腦編號 29

1.	自己製作健康茶	大海淳著	220 元
2.	好吃、具藥效茶料理	德永睦子著	220 元
3.	改善慢性病健康藥草茶	吳秋嬌譯	200 元
4.	藥酒與健康果菜汁	成玉編著	250 元
5.	家庭保健養生湯	馬汴梁編著	220 元
6.	降低膽固醇的飲食	早川和志著	200 元
7.	女性癌症的飲食	女子營養大學	280 元
8.	痛風者的飲食	女子營養大學	280 元
9.	貧血者的飲食	女子營養大學	280 元
10.	高脂血症者的飲食	女子營養大學	280 元
11.	男性癌症的飲食	女子營養大學	280 元
12.	過敏者的飲食	女子營養大學	280 元
13.	心臟病的飲食	女子營養大學	280 元

・家庭醫學保健・電腦編號 30

1.	女性醫學大全	雨森良彥著	380 元
2.	初為人父育兒寶典	小瀧周曹著	220 元
3.	性活力強健法	相建華著	220 元
4.	30 歲以上的懷孕與生產	李芳黛編著	220 元
5.	舒適的女性更年期	野末悅子著	200 元
6.	夫妻前戲的技巧	笠井寬司著	200 元
7.	病理足穴按摩	金慧明著	220 元
8.	爸爸的更年期	河野孝旺著	200 元
9.	橡皮帶健康法	山田晶著	180 元
10.	三十三天健美減肥	相建華等著	180 元
11.	男性健美入門	孫玉祿編著	180 元
12.	強化肝臟秘訣	主婦の友社編	200 元
13.	了解藥物副作用	張果馨譯	200 元
14.	女性醫學小百科	松山榮吉著	200 元
15.	左轉健康法	龜田修等著	200 元
16.	實用天然藥物	鄭炳全編著	260 元
17.	神秘無痛平衡療法	林宗駛著	180 元
18.	膝蓋健康法	張果馨譯	180 元
19.	針灸治百病	葛書翰著	250 元
20.	異位性皮膚炎治癒法	吳秋嬌譯	220 元
21.	禿髮白髮預防與治療	陳炳崑編著	180 元
22.	埃及皇宮菜健康法	飯森薰著	200 元
23.	肝臟病安心治療	上野幸久著	220 元
24.	耳穴治百病	陳抗美等著	250 元
25.	高效果指壓法	五十嵐康彥著	200 元

26. 瘦水、胖水　鈴木園子著　200 元
27. 手針新療法　朱振華著　200 元
28. 香港腳預防與治療　劉小惠譯　200 元
29. 智慧飲食吃出健康　柯富陽編著　200 元
30. 牙齒保健法　廖玉山編著　200 元
31. 恢復元氣養生食　張果馨譯　200 元
32. 特效推拿按摩術　李玉田著　200 元
33. 一週一次健康法　若狹真著　200 元
34. 家常科學膳食　大塚滋著　200 元
35. 夫妻們關心的男性不孕　原利夫著　220 元
36. 自我瘦身美容　馬野詠子著　200 元
37. 魔法姿勢益健康　五十嵐康彥著　200 元
38. 眼病錘療法　馬栩周著　200 元
39. 預防骨質疏鬆症　藤田拓男著　200 元
40. 骨質增生效驗方　李吉茂編著　250 元

・超經營新智慧・電腦編號 31

1. 躍動的國家越南　林雅倩譯　250 元
2. 甦醒的小龍菲律賓　林雅倩譯　220 元
3. 中國的危機與商機　中江要介著　250 元
4. 在印度的成功智慧　山內利男著　220 元
5. 7-ELEVEN 大革命　村上豐道著　200 元

・心 靈 雅 集・電腦編號 00

1. 禪言佛語看人生　松濤弘道著　180 元
2. 禪密教的奧秘　葉逯謙譯　120 元
3. 觀音大法力　田口日勝著　120 元
4. 觀音法力的大功德　田口日勝著　120 元
5. 達摩禪 106 智慧　劉華亭編譯　220 元
6. 有趣的佛教研究　葉逯謙編譯　170 元
7. 夢的開運法　蕭京凌譯　130 元
8. 禪學智慧　柯素娥編譯　130 元
9. 女性佛教入門　許俐萍譯　110 元
10. 佛像小百科　心靈雅集編譯組　130 元
11. 佛教小百科趣談　心靈雅集編譯組　120 元
12. 佛教小百科漫談　心靈雅集編譯組　150 元
13. 佛教知識小百科　心靈雅集編譯組　150 元
14. 佛學名言智慧　松濤弘道著　220 元
15. 釋迦名言智慧　松濤弘道著　220 元
16. 活人禪　平田精耕著　120 元
17. 坐禪入門　柯素娥編譯　150 元

國家圖書館出版品預行編目資料

肌膚保養與脫毛／鈴木真理著，李芳黛編譯
－初版－臺北市，大展，民 87
面；21 公分－（婦幼天地；49）
譯自：素肌美人になる本
ISBN 957-557-846-5（平裝）
1. 皮膚－保養　2. 脫毛
424.3　87009618

肌膚保養與脫毛　ISBN 957-557-846-5

原著者／鈴木真理
編譯者／李　芳　黛
發行人／蔡　森　明
出版者／大展出版社有限公司
社　址／台北市北投區（石牌）致遠一路 2 段 12 巷 1 號
電　話／(02) 28236031・28236033
傳　真／(02) 28272069
郵政劃撥／0166955—1
登記證／局版臺業字第 2171 號
承印者／國順圖書印刷公司
裝　訂／嶸興裝訂有限公司
排版者／千兵企業有限公司
電　話／(02) 28812643
初版 1 刷／1998 年（民 87 年）7 月

定　價／180 元

大展好書 好書大展